超细木粉的制备与试验研究

杨冬霞　著

哈尔滨工程大学出版社

Harbin Engineering University Press

内 容 简 介

本书以落叶松锯屑为加工原料,进行超细木粉的制备。从试验原料开始分析超细木粉的加工方式及裂解机理,应用断裂力学原理计算细胞破壁力,为超细木粉机的设计和加工指明了方向。将加工出的木粉从物性、统计粒径、堆积密度和团聚性四个方面进行了详细讨论。对木粉粒径进行在线检测系统设计,分析在线检测系统颗粒的理想控制特性。

本书可供大专院校木材科学与技术等相关专业的本科生及研究生阅读参考,可作为木材科学与技术等相关专业的工程技术人员的参考书,也可供材料、建筑、化学等领域的研究人员和工程技术人员参考使用。

图书在版编目(CIP)数据

超细木粉的制备与试验研究/杨冬霞著. —哈尔滨:哈尔滨工程大学出版社,2019.7
ISBN 978 - 7 - 5661 - 2354 - 1

Ⅰ.①超… Ⅱ.①杨… Ⅲ.①木粉 - 制备 - 试验研究 Ⅳ.①TS69

中国版本图书馆 CIP 数据核字(2019)第 131021 号

选题策划 石 岭
责任编辑 张忠远 李 想
封面设计 博鑫设计

出版发行 哈尔滨工程大学出版社
社 址 哈尔滨市南岗区南通大街 145 号
邮政编码 150001
发行电话 0451 - 82519328
传 真 0451 - 82519699
经 销 新华书店
印 刷 哈尔滨市石桥印务有限公司
开 本 787 mm × 960 mm 1/16
印 张 10.5
字 数 211 千字
版 次 2019 年 7 月第 1 版
印 次 2019 年 7 月第 1 次印刷
定 价 49.80 元
http://www.hrbeupress.com
E-mail:heupress@ hrbeu.edu.cn

前　　言

21世纪复合材料发展迅速,粉体技术也得到了快速的发展,因而木粉材料在化工、冶金、环保和农业等领域中得以广泛应用。木粉的加工原料大都是锯屑,它具有取材方便、价格低廉和原料充足等特点,将其超细化后适量添加于复合材料、高分子材料等其他材料中,会形成新型的多功能材料。

本书以兴安落叶松锯屑为加工原料,进行了超细木粉的制备与试验研究。在加工过程中采用显微观测法观测锯屑颗粒的断口形态,分析在外力作用下锯屑颗粒产生裂纹的原因以及锯屑在加工成为更细小颗粒状态下木纤维断裂的行为。由于裂纹的存在不能使锯屑在加工过程中达到微米级,本书在进行理论计算时将干燥后的锯屑假设为脆性板层材料。为使木粉在加工过程中颗粒的粒径达到微纳米级,在进行木粉超细加工时必须将细胞进行破壁,本书则应用断裂力学的原理计算了木材细胞破壁所需的破壁力大小,得出了早材纤维的断裂强度范围。本书还应用结构力学和有限元的相关知识将兴安落叶松的细胞壁结构模拟成线弹性桁架结构,依据桁架结构的特点对杆单元施加以压应力进行微观力学模型计算,得出了细胞破壁时所需的切削力,为超细木粉机的刀具、主轴设计提供了理论参考依据。

本书利用本课题组自行设计的超细木粉机加工木粉,研究了超细木粉的加工、粒径大小与形状、粉体的分离、物性及实时检测特性等内容。依据木粉自身特性,分析了国内外超细木粉机的特点和性能,得出对于纤维类材料需要施加以强剪切力与强研磨力相结合的复合力场,才有可能使木粉达到微米或亚微米尺寸的结论。在木粉的物性试验研究时,分析了木粉目数与颜色、颗粒形状、粉体的团聚性之间的关系,采用实时检测的方式测量了木粉粒径的大小。本书的研究为以超细木粉为填料的新型复合材料产品提供了性能依据,对提高复合材料产品质量和安全性能具有重要的意义。

　　本书是在中国博士后科学基金面上项目(2017M611339)和哈尔滨学院博士基金(HUDF2014)资助下完成的。本研究涉及多交叉学科,尤其是在木质纤维、微纳米木粉和超细木粉机的设计方面都有所研究。

　　鉴于作者水平有限,书中欠妥和疏漏之处在所难免,敬请同行专家和广大读者批评指正。

著者　杨冬霞

2019 年 6 月

目　　录

第1章 绪 论

1.1 引 言

超细粉碎一般是指将直径为 3 mm 以上的物料颗粒粉碎至直径为 10 ~ 25 μm 的过程[1],超细粉体属于微米级粉体。微米级粉体通常是指粒径大于 1 μm 而小于 100 μm 的粉体,粒径大于 0.1 μm 小于 1 μm 的粉体称为亚微米粉体。粉体颗粒粒径大于 1 nm 小于 100 nm 的通常称为纳米粉体[2]。然而目前科技界对纳米材料有较为严格的定义,即在三维尺度中至少有一维处于 100 nm 以下,且与普通材料相比,其性能有显著差别的材料才称为纳米材料[3]。关于微米粉体粒径的上限,国内外至今没有统一的定义,有人将颗粒粒径上限为 100 μm 的粉体称为超细粉体,英文用"very fine"表示,有人将颗粒粒径上限为 30 μm 或 10 μm 的粉体称为超细粉体,英文用"super fine"或"ultra fine"表示[4]。

粉体技术是一门古老的科学技术,粉体自远古以来一直存在于自然界,微纳米粉体一直存在于普通粉体之中。如尘埃中包含的许多颗粒处于亚微米或纳米尺度;燃烧木材的烟道中的烟灰是一种典型的微纳米粉体;荷叶上的绒毛是由纳米材料组成的,动物与人类的牙齿也是由纳米晶粒组成的。

随着现代科学技术的发展,微纳米技术作为当今三大高新技术之一,正在飞速发展,在现代科技中发挥着越来越重要的作用,其研究与应用遍及当今各个科学领域。目前微纳米技术的研究重点大多集中在微纳米材料与器件及其相关产品的制备技术、应用技术与表征技术等方面。在制备技术领域,主要包含了微纳米材料的制备新技术与新设备的开发、微纳米器件的组装与制造技术的研究、微纳米材料与器件在各领域的应用性能研究,以及微纳米材料与器件及产品性能研究与表征。到目前为止,微纳米材料的制备技术研究相对较为成熟,其许多产品已经实现了工业化生产。微纳米技术对于金属材料的加工已经进入了纳米级,而在木材加工方面,纳米技术还没有真正起步,还未直接应用于多数木材加工领域。

在木材科学的发展中,纳米技术的发展是最快的[5]。工程材料中常用的材料有钢材、石材、塑料和木材,而在这四种材料中只有木材是唯一可再生的材料。木材加工成超细尺寸以后,材料特异性质、尺寸效应及其变化机理都将发生变化,而锯屑又是廉价的原材料,经二次加工后对其进行合理利用会产生高附加值产品。人们越来越重视环境保护,正在逐渐减少用甲醛树脂作为黏合剂合成热固性树脂木质材料,以减少对环境的影响,因为甲醛是石油化工产品,对人体有一定的危害[6]。目前有许多研究者进行了无甲醛黏合剂的研究[7],木质素和单宁已被用来替代苯酚和间苯二酚在热固树胶中的应用,但由于制造技术和制造成本的原因不能被广泛应用[8-10]。近年来无黏合剂的绿色环保型板材引起了人们的极大兴趣,无黏合剂板材可用细小的木质纤维材料经热压实现,而无须添加任何粘合剂,这种现象称为自粘。它是由经热压后木质纤维材料中的半纤维素和木质素被激活进行水解和软化而出现的现象。经济林木质纤维材料已被用来作为最好的加工原料,在日本用振动磨将红麻芯粉加工到粒度为 10 μm 左右,作为无黏合剂板材的黏合剂[11]。在研究和制造复合板材的过程中,纤维素的添加量对板材的热熔黏度影响是较明显的。此外即使是纤维素的颗粒尺寸相同,不同种类的纤维素对板材黏度的影响也不同。松木木粉对板材黏度的增加是最显著的,木粉粒径越小,黏度就越高,因此在无黏合剂的复合板材加工中加入针叶材的小粒径木粉有利于复合板材的制造。

在常压下对木粉进行催化液化,液化产物经催化剂进行常压催化裂解,可得到生物燃料油,且常压下的木粉液化率可达 90.31%,液化油产率可达 69.73%,且具有良好的可燃性[12]。选用木粉、纤维素及木质素三种样品在乙二醇中进行液化反应,随着反应时间的延长,木粉、纤维素的液化率高于木质素,经扫描电镜 SEM 照片分析三者液化前后形态,可以得出三种物质中经粉碎后的木粉细胞壁形态结构被破坏,细胞壁断裂,细胞呈现蓬松状态,使液化溶剂的渗透更加容易,与纤维素相比液化速度更快[13-14]。将木材加工到超细粉状态下进行木材液化,可使这项技术的工业化生产成为可能,具有开创性的意义。现代生物质能以乙醇和生物柴油为最主要的研究方向和实践重点[15],但在传统的生物质能应用中,木材的超微化粉末也备受关注,小木屑球经木质颗粒燃料的制造工艺加工后,木屑已达到超微粉的尺度,成型后的颗粒燃料燃烧效率大大提高[16]。加工超细木粉的原材料廉价、可再生,产生的废物可利用,这些特点使其具有巨大的商业价值。超细木粉的应用领域越来越广阔,如用来填充胶黏剂,制造手机和电器的机壳、汽车内饰件,作为金属表面的木粉静电喷涂材料等。将超细木粉作为填充材料与聚合物基材、磁性粉体、导电导热粉、荧光粉等粉体组合,都可派生出各类新型可降解的环境友好型材料[17]。利用超细加工技术制成的木陶瓷,其性能将会更加优良。用木材的微纳米超细粉体加工后生产的产品可以具有超硬木材的性质。以木粉为基础的空腔体材料和多孔材料的制备技术也将是木材超细加工技术的发展方向。

1.2　国内外超细木粉制备方法研究进展

1.2.1　国外超细木粉制备方法研究

微纳米粉体技术处于世界前列的国家是美国、日本、德国以及俄罗斯,其中美国在纳米材料研究方面的论文与专利数量为全世界之最。这些国家在纳米材料的制备、性能表征、表面改性处理及颗粒复合与组装应用等方面开展了全方位的研究,包括将纳米药物制成微胶囊而获得了很好的疗效,将纳米材料制成各种纳米器件,采用纳米金属粉及纳米炸药制备出了许多高性能的炸药、火箭发动机及隐形飞机、坦克、舰艇等。

在美国木塑复合材料代表着正在快速发展的美国塑料加工行业和森林产品加工行业。塑料处理器、木材和其他木质纤维素纤维代表现成的原料,所有类型的木塑复合材料都需要它作为填料以增强原料强度,致使其需求量不断增加[18]。光化学降解的塑料和木材,产生的物质损失和更换损坏产品的费用每年给美国带来数百亿美元的损失[19]。在马来西亚,塑料行业是最具活力的制造业之一,该行业产品在 2005 年的平均销售为 36.7 亿美元,并且每年以 15% 的速度继续增长,但光氧化使这种广泛使用的材料性能退化,每年都会造成巨大的经济损失[20]。超细木粉使纤维素、半纤维素和木质素变得易于分离,木质填料可以提高复合材料的物理、化学性质,如机械强度、弹性模量、热变形性,且可降低成本。

图 1-1 所示的微粉磨机是美国密歇根州萨吉诺的 B&P 工艺设备与系统有限公司与中国烟台的东辉粉末设备有限公司进行合作生产的微细粉体加工设备,在中国开展粉末涂料的生产,而生产的产品主要以出口为主。图 1-2 所示为微细粉体的加工及后期的粉末涂料生产线的工作流程。

德国和日本在微米、亚微米材料加工制造方面也处于世界前列。他们研发出了许多微纳米粉体的制备技术及装备,同时也研制出了许多微纳米粉体改性与复合的配套技术及装备,并在应用领域做出了卓越的贡献。位于德国奥格斯堡的 Alpine 公司从 20 世纪开始从事粉体制造业,现已成为德国粉体设备制造业的领跑者之一。其生产的粉体设备可生产微纳米粉体且粒度分布范围较宽,设备具有耐久性和可靠性。

该公司已加入美国材料与试验协会(ASTM)、美国化学学会、美国机械工程师学会等。

图1-1 美国与中国合作生产的微粉磨机

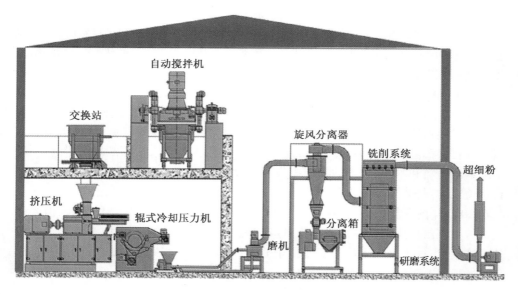

图1-2 粉体加工及粉末涂料生产线

图1-3是Mikro-ACM空气分级机,它能够加工各种材料,如食品、药材、化学和矿物,加工物料粒度可分为细、中、粗三种且不需要维护设备。调节内部结构可以控制产品粒径大小,如果粒径不满足要求可通过循环重新进入磨削区进行再加工。实现Mikro-ACM空气分级机的粒度分布主要依据下列因素:转子的类型、速度和锤数,分离器的类型和速度,气流控制量和加工粉料的类型。其中,分离器的类型和速度对产品的粒径影响最大。这些因素可以互相调配以生产出不同粒度的粉体,但粉体设备材料的硬度不能低于莫氏硬度5级。

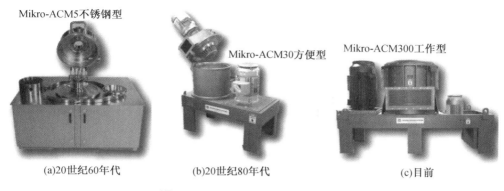

Mikro-ACM5不锈钢型

Mikro-ACM30方便型

Mikro-ACM300工作型

(a)20世纪60年代 (b)20世纪80年代 (c)目前

图1-3 Mikro-ACM空气分级机

图1-4所示为Mikro-ACM系统及其相应的分级系统,它应用气动输送装置将原料送入Mikro-ACM粉碎机中,粉碎粒径大小由原料性质决定,搅拌器边缘速度可达130 m/s,粉体粒径为10 μm。气动输送装置将原料输运到加工区域,由风扇和挡板护环将加工区域分成两部分,加工后较粗的粉体通过气流的作用重新回到加工区,而较细的粉体通过分级轮从加工区域分离出来。粗细粉体的切割粒径可通过与分级转速相关的函数计算出来,在加工粉体的操作过程中可以设定。

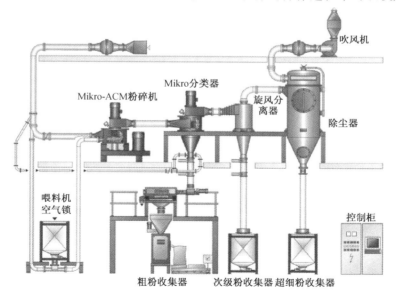

吹风机

Mikro分类器

Mikro-ACM粉碎机

旋风分离器

除尘器

喂料机空气锁

控制柜

粗粉收集器 次级粉收集器 超细粉收集器

图1-4 Mikro-ACM系统及其相应的分级系统

高速旋转抛射式粉碎机中最为典型的是由 Alpine 公司制造的 UPZ 型抛射式粉碎机,它是以机械作用力为粉碎力场的微粉碎设备,如图 1 - 5 所示。它具有多种形式,如冲击锤盘式、活动截锥盘式、打击板锤盘式等。其特点是可根据物料的不同特性,更换互换性冲击元件销、锤头、板来满足不同粉碎粒度的需求。

图 1 - 5 UPZ 型抛射式粉碎机结构示意图

图 1 - 6(a)所示为日本细川护熙公司的粗粉加工设备立式粉碎机主体。小型粉碎机可实现自动、连续地对初级产品的加工和分离,如图 1 - 6(b)所示。图 1 - 6(c)所示为被加工的物料在粉碎腔内受到高速旋转刀具的反复撞击以达到粉碎的主体透视图。满足加工要求的粉体在离心力的作用下强行通过周围的筛网在负压的作用下进入分离器进行分离分级,经过一段加工时间后不满足加工要求的粉体从二级排料口排出。

(a)粉碎机主体　　　　(b)小型粉碎机　　　　(c)粉碎机主体透视图

图 1 - 6 立式粉碎机

　　该公司生产的100AFG型号的气流粉碎机是将喷气式气流粉碎机与旋涡式气流粉碎机的技术优势结合起来的一种机器,如图1-7(a)所示。图1-7(b)和(c)分别为50喷气式气流粉碎机与50ATP旋涡式气流粉碎机。100AFG型气流粉碎机能够进行超细粉碎,物料的粒度可达2 μm,且其内部有简单的分类器可以将粗粉和细粉按照给定的粒度值进行分离。

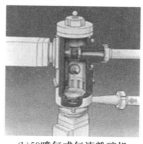

(a)100AFG型气流粉碎机　　　　(b)50喷气式气流粉碎机　　　　(c)50ATP旋涡式气流粉碎机

图1-7　气流粉碎机

　　图1-8所示的微米级空气分级磨机可加工各种原材料,如木材、泥炭、褐煤和金属材料。它的产品粒度最大粒径为20 μm,通常为10~15 μm。图1-9所示为Mikro ACM 150工艺流程图。该机器通过一旋转阀气动将物料送入磨腔,用粉碎磨锤对物料进行粉碎,当物料粒度达到要求时会随上升气流进入分级器分级。变速电机和变频器共同作用控制物料粒度分布。进入分级器的物料在反向喷射过滤器的过滤袋和连续脉冲收集袋中被收集。收集袋有系统持续监测器,可检查任何有关收集过程中存在的问题。粗粉通过一个恒定的速度旋转阀过滤器料斗排出。

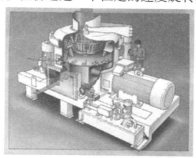

(a)Mikro ACM 150结构示意图　　　　(b)Mikro ACM 150主机

图1-8　Mikro ACM 150微米级空气分级磨机

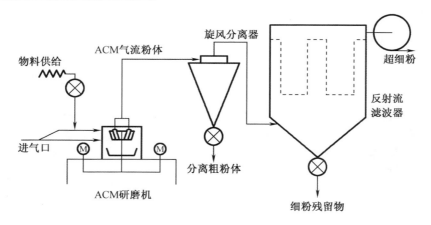

图 1 - 9　Mikro ACM 150 工艺流程图

图 1 - 10 所示的小型逆流粉碎机由日本爱知公司生产,主要销往美国、中国、韩国等国家。它的主要特点是由 2 个转子旋转方向相反形成的逆流机制实现纤维材料的精细粉碎,且粉碎后粉体的粒度分布均匀,粒度大小为 7 ~ 12 μm。滚筒的转速调节使粉体粒度大小随之改变,可在低温下工作。图 1 - 11 所示为 YTK 系列粉碎机简化工作流程图。

以英国为首的欧洲国家对纳米粉体材料的研究持慎重态度,他们对纳米材料的副作用及其对人类健康的负面影响十分重视,以致他们在纳米技术的研究与应用方面关卡重重,阻力很大,进展缓慢。但关于微米技术的研究,他们给予了高度的重视。

图 1 - 10　日本爱知公司生产的逆流粉碎机

英国瑞玛是英国历史上最悠久的专业从事粉末的工艺设备和预定加工设备的企业之一,在减少粒径尺寸和粒径大小控制方面做出了杰出贡献,在国际上享有盛誉。该公司生产的粉碎设备有螺旋气流磨、气流磨、球磨机、逆流球磨机,以及相应的工业筛分、混合、干燥设备等,可应用于制药、精细化工、矿业和其他许多行业中。

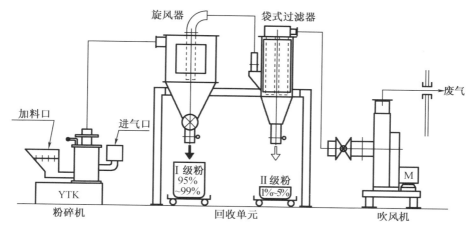

● 安装尺寸:8 000 mm×3 500 mm×3 500 mm

图 1 – 11　YTK 系列粉碎机简化工作流程图

　　瑞玛逆流粉碎机如图 1 – 12 所示,它是一种用于超细磨的空气粉碎机,特别适用于给料困难或要求产品纯度高、无污染等条件,由高能喷气输送原料进入加工室进行加工,加工后的粉体由螺旋分级机分级,加工的产品粒径分布较窄。可通过调整喷射速度来控制粉体粒度,适合处理高度研磨材料,小于 3 mm 的原料可以减少预磨工序。

　　如图 1 – 13 所示的螺旋气流喷射式粉碎机是一种空气粉碎机,适合磨削硬质和软质材料,加工粉体的粒度范围为 1 ~ 20 μm。原料被气流送入一高速旋转的浅磨腔中进行加工,通过高能喷气将材料在撞击、摩擦、剪切等力的作用下进行粉碎,主要应用在制药及特种化学品领域,无菌操作是关键。

图 1 – 12　英国瑞玛逆流粉碎机

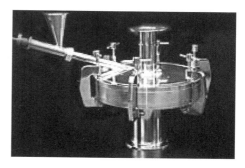

图 1 – 13　英国瑞玛螺旋气流喷射式粉碎机

俄罗斯也十分关注微纳米技术研究,他们研究的重点大多集中于军事方面的应用,因此十分保密,公开报道的资料较少。

1.2.2 国内超细木粉制备方法研究

我国的超细粉碎技术开始于20世纪60年代末70年代初,在引进、研究、消化、吸收下到20世纪80年代开始国产超细粉碎机的研制生产[21-22]。20世纪80年代末,超细粉体逐渐发展起来,成为研究热点。超细粉末的优良性质使它成为一种新材料广泛应用在冶金、宇航、生物、电子、化学和医学等领域中并且有着非常广阔的应用前景。在新材料领域和精细化工中目前以粉体为原料的产品约占50%,而粉体原料总成本约占新产品成本的30%~60%。据统计全国粉体业的产值已占到第一、第二产业产值总和的一半以上,粉体行业生产、应用和设备制造的科研开发进展速度非常快[23]。生物粉体技术即超微粉碎技术是近几十年来发展起来的一种新技术,是研究结构尺度在1 nm~100 μm范围内物质所特有的现象、功能的学科与技术,它具有表面效应、体积效应、电磁性质、光学性质、力学性质及化学与催化性能等许多特殊的性质,目前主要应用在化工、电子、生物制药、中草药及食品行业中。

粉体工业在近20年来发展飞速,超微粉碎是高新技术产业中一项发展较快的产业,把原料加工成微米级产品及更细的纳米级粉体,已在各行业得到了广泛的应用。把超微粉碎应用于木材加工技术中,已经引起专家学者的注意,2012年东北林业大学杨春梅等在《亚纳米木粉的加工原理与运动分析》一文中,将木粉的加工粒度限定在超微粉碎的范畴内,并分析了木粉的粉碎极限和相应的加工方法[24]。2003年东北林业大学邱坚和李坚的两篇文章,将木材的纳米粉体材料和木材纳米复合材料相应的制备进行了前瞻性介绍[25-26]。2002年北京林业大学赵广杰的《木材中的纳米尺度、纳米木材及木材——无机纳米复合材料》一文将木材科学与木材无机复合材料的科学研究引入纳米的微观研究范畴[27]。2001年东北林业大学马岩在《纳微米科学与技术在木材工业的应用前景展望》中就已提出纳米级木粉在木材工业应用中的发展方向[28]。以上的研究指出了木材工业的超细粉碎技术具有的特殊优势,也为其以后的应用指明了方向。

超微粉碎技术是粉体工程中的一项重要内容,它是利用各种特殊的粉碎设备,对物料进行研磨、冲击、剪切等,将大粒径的物料(3 mm以上)粉碎成10~25 μm以下的微细颗粒[29]。与传统的粉碎、破碎、碾碎等加工技术相比,超微粉碎产品的粒度更加微小。据原料和产品颗粒粒径大小不同,粉碎可分为粗粉碎、细粉碎、微粉碎和超微粉碎。值得注意的是,各国各行业由于超微粉的用途、制备方法和技术水平的差别,对不同材料的超微粉体的粒度有不同的划分。超微粉碎通常由气力输送装置、超微粉碎机、分级机等配套完成。将加工原料粒度粉碎到非常细的程度,加工出的产品可能显示出意想不到的特性,但同时也会带来较多的问题,如粉体间的静电吸附、物料的流动性差、粉碎过程中消耗的能量大、生产成本提高及对加工操作的影响较大等,这些不利的影响都需采取相应的方法加以克服[30]。

超细粉碎通过对物料的冲击、碰撞、剪切、研磨、分散等方法而实现。传统粉碎中的挤压破碎不能用于超微粉碎,否则会产生造粒效果。选择粉碎方法时,必须根据粉碎物料的性质和所要求的粉碎比而定,尤其是被粉碎物料的物理和化学性质在粉碎过程中起着重要作用,而其中的物料硬度和破裂性更是起到了决定性的作用。实际上任何一种粉碎机都不是单纯地依据一种粉碎机理来工作的,一般都是两种或两种以上粉碎机理相结合。如气流粉碎机是以物料的相互冲击和碰撞进行粉碎的;高速冲击式粉碎机中冲击和剪切是实现粉碎的主要作用;振动磨、搅拌磨和球磨机的粉碎机理则主要是研磨、冲击和剪切;而胶体磨的工作过程主要是通过高速旋转的磨体与固定磨体的相对运动所产生的强烈剪切、摩擦、冲击等来实现的[31]。我国的特种超细粉体工程技术研究中心于2002年初由国家科技部批准依托南京理工大学正式组建,是目前我国工业和信息化部直属七所高校中唯一一个依托高校组建的从事微纳米技术研究与人才培养的国家级工程技术研究中心,它是由南京理工大学超细粉体与表面科学技术研究所、兵器工业化超细粉体技术开发中心及江苏省超细粉体工程技术研究中心演变而成。图1-14所示为南京理工大学国家特种超细粉体工程技术研究中心设计的干式撞击式粉碎机原理图。该机超细效果较好,可使物料粉碎到20 μm左右,具有粉碎、分散、混合、输送等功能。

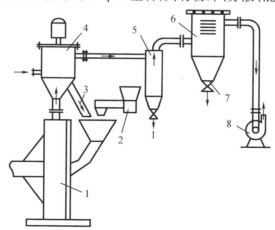

1.干式撞击式粉碎机; 2.进料装置; 3.分级后的粗粉; 4.叶轮式分级机;
5.旋风分离器; 6.除尘器; 7.旋转排料阀; 8.抽风机。

图1-14 干式撞击式粉碎机全系统结构组合设计原理图

11

1.2.3 国内超细木粉的生产现状

目前市场上出售的超细木粉机如图 1－15 所示。该木粉机适用于杨木、桦木、针叶木及无黏性木的木屑加工,可将 40～80 目的原料加工至 300～400 目;可进行碾磨、筛选、气固分离、输送及成品的包装。木粉机结构主要由引风机、气固分离装置、主机、小筛分机、大筛分机、集尘装置、成品包装七部分构成。

图 1－15　市售的超细木粉机

制备木粉的工艺流程主要是由加料机进行加料后经气固分离装置进行物料的筛选,将土块、铁屑等杂质去除,经筛选后的原料进入主机碾磨进行第一次加工,加工后的粉体在加工气流的作用下进行一次筛选,粗料返回到加工区继续碾磨,细料到气固分离器进行二次筛选后将得到的成品进行包装,加工过程中的粉尘都由管道统一输送到集尘器。

主机粉碎室采用不同类型的刀具进行原料的粉碎,有粗粉碎、细粉碎和离心粉碎,由电机带动粉碎机转子高速运转,使机械产生高速气流,对粉碎物料产生高强度的撞击力、压缩力、切割力、摩擦力来达到粉碎功能。主机进行粉碎的过程中,转子产生高速度气流随刀片方向旋转,物料在气流中加速并反复受到冲击、剪切、摩擦三种力的同时作用而被粉碎,被粉碎的物料随气流进入分离器进行分离,由于在受到分离器转子离心力作用时又受到气流向心力的作用,所以当离心力大于向心力时,细粒随气流进入集粉器收集,粗粒在离心力作用下重新进入粉碎室继续粉碎直至达到所要求的细度。

超细木粉机中比较有代表性的是由山东省潍坊市精华粉体工程设备有限公司研制的 CR 系列超微冲击磨,如图 1－16 所示。该机适用于片状、针状、纤维状物料的粉碎。由定量喂料系统把物料输送到粉碎腔内,物料在高速旋转的转子与齿衬的定子之间受到冲击和剪切,粉碎后的物料在气流的带动下进入分级区,合格的物料通过旋风分离器和除尘器收集,不合格的物料重新返回到粉碎区进行粉碎,在结构设计上可使物料充分的分散,以使物料得到均匀的粉碎,粉碎粒度为 2 ~ 180 μm。

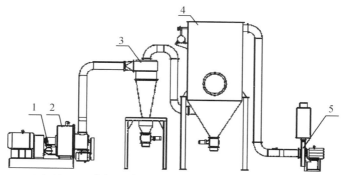

1.入料口；2.主机；3.旋风收尘器；4.除尘收集器；5.引风机。

图 1 – 16 CR 系列超微冲击磨

木材是可再生资源,锯屑是木材制造加工中的主要废弃物,约占木材总量的 10%。在 2010 年 1 月公布的第七次全国森林资源清查结果中,我国的木材年采伐消耗量为 3.79 亿立方米,人工林采伐量占全国森林采伐量的 39.44%[32],其中约有 40% 作制材加工,木屑产量约 0.15 亿立方米[33]。通常锯屑约占加工木材总材积量的 8% ~12%[34],超细木粉的原料大都是不同树种的锯屑,因此生产超细木粉取材方便、原料充足。在木材工业上,将木粉超细化后引入复合材料和高分子材料领域,新的多功能材料就随之产生,许多高新产品也会随之投入市场,其附加值会大幅增长,产生巨大的社会效益与经济效益。在木材科学的发展中,纳米技术的发展是最快的。我们定义超细木粉的粒度为 9 ~23 μm,按照粉体实际加工中应用的单位即 600 ~1 500 目。目前国内生产木粉的粒度大都在 200 目左右,一部分公司研制的设备可批量生产 400 目的木粉,只有少数几家可真正实现生产 800 目以上的木粉。

1.3 超细木粉研究有待解决的问题

木材是具有各向异性的非均质天然高分子复合材料,其力学性能与其组织结构之间的关系非常复杂。在本论文的研究中将从木材的微观结构入手,通过建立细胞结构模型理论计算出细胞破壁力的大小,以此来指导加工设备的设计参数,并通过计算机模拟出超细木粉在分离时的颗粒轨迹,确定超细木粉的分布梯度。将木材这类纤维类材料进行超细化加工是超细粉体制备技术的难点之一,因为纤维类材料具有韧性,仅靠简单的冲击(撞击)、挤压、研磨作用很难使其超细化。对于这类材料需要施加强剪切力才能使其细化,单靠剪切力作用很难使纤维类材料达到微米尺寸,必须采用剪切与研磨相结合的复合力场才有可能使其达到微米尺寸或亚微米尺寸。通过破坏木材的细胞结构来制备超细木粉通常有两条途径:一是通过对大尺寸块状物料进行粉碎,获得微纳米粉体,通常称为超细粉碎法,目前超细粉碎(以机械法为代表)所能达到的最小粒径基本都在 3 μm 左右;二是控制晶体成核及生长条件,获得特定尺寸的微纳米材料,称为成核生长法,该法是获得超微颗粒($5\ nm < d < 100\ nm$)的主要方法。本书选择以机械作用力为粉碎力场,采用高速旋转撞击式粉碎方法来达到设计要求。

从现在的研究阶段来看,超细木粉需要解决的问题主要有以下三个方面:

(1)加工超细木粉与加工金属与矿物不同,木材是各向异性的高韧性的纤维材料,在将其加工成超细粉体时需对其进行破壁处理,而木材的种类、产地、干湿性等对其受力影响显著,很难有一个统一的施力结果;

(2)木粉的分离试验,其分离装置的设计应考虑到粉料浓度、分级效率、总分离效率等诸多因素;

(3)在加工过程中和分级收集过程中对木粉的团聚现象的处理。

1.4　课题的来源、目的及意义

本书的研究是基于国家自然科学基金项目"亚纳米木粉最佳目数与细胞裂解建模的关联性分析"(30800869)和国家林业局引进 948 项目"亚纳米木粉干法粉碎装备关键制造技术引进"(2011 – 4 – 06)两项课题进行的。

木材是重要的生物质能源之一,生物质能源是自然界能量循环的重要组成,是一种 CO_2 综合负排放,对节能减排具有重要意义,已经成为新能源的研究热点[35]。预计到 2050 年,全球总能耗将有 40% 来自生物质能源[36]。此外由于木材主要由纤维素、半纤维素、木质素等组成,它具有高热值、良好的吸附性等优点,木屑经二次加工后已经广泛应用于化工、皮革、木塑制品等行业[37-38]。目前超细木粉已应用在化工、军工、冶金等领域,在环保方面可用于吸附重金属、放射性元素及各种石油制品[39]。将微纳米木粉用于塑料、金属、漆器表面,具有防污、防尘、耐刮、耐磨、防火等作用。微纳米木粉具有优异的抗紫外线性能,少量添加至包装材料、外用面漆、木器保护漆、天然和人造纤维及农用塑料薄膜,会大大减弱紫外线对这些材料的损伤,使之更加耐久和透明[40]。

1.5 本书的主要内容

本书试验研究的对象为针叶树材中的兴安落叶松,依据超细粉体粒径的定义,结合兴安落叶松的细胞微观结构,定义了超细木粉颗粒的粒径大小。在试验制备时必须对原料进行细胞的破壁加工,并在加工过程中施以强剪切力和研磨力,才能使其达到超细木粉的粒径要求。本书的工作主要体现在以下五个方面:

(1)木材细胞破壁力分析 通常情况下针叶材早材细胞弦向直径平均为40 μm,晚材细胞弦向直径平均为36 μm,超细木粉的粒径范围定义为9~18 μm。将木材加工到超细木粉的粒度时,就必须进行木材细胞壁的破坏,因此分析木材细胞破壁力大小具有重要的意义。从两个方面对细胞破壁力进行研究:①以干燥后的落叶松锯屑为研究对象,基于试验和理论分析的方法,提出锯屑颗粒的断裂判据。在加工过程中用显微镜分析不同目数的锯屑颗粒的断裂形态和大小。目数较低的木粉形态主要呈棒状、显微放大后观测可见管胞径壁上的纹孔和任意排列的纤丝;颗粒内裂纹的产生和扩展是引起锯屑颗粒断裂的主要原因。基于干燥后的锯屑为脆性板层材料的基本假设,运用断裂力学理论,结合试验分析结果,研究锯屑断裂过程中木粉颗粒内裂纹间的相互作用机理,得到了适用于锯屑颗粒的断裂判据;②依据结构力学和有限元的相关理论,建立六边形桁架结构模型模拟针叶材的细胞结构,依据模型结构特点将杆单元的拉应力作为细胞壁断裂的破壁力大小,并以木材顺纹抗拉强度作为检验细胞壁断裂的准则,从而计算出理论的细胞壁破壁力大小。

(2)超细木粉加工原理分析 依据超细木粉颗粒的粒径范围,分析超细木粉的制备方法及所采用的设备对粉体产品的粒度大小、粉体形状及分散性等的影响。提出采用高速旋转搅拌式磨削粉碎方法,将粉碎设备与粉体分级设备连为一体,对未达到加工目数要求的颗粒进行循环式加工可以提高加工效率,在分级装置的不同位置安放两个转速不同的离心风机,形成不规则的气流流场以减少木粉收集时的颗粒团聚现象,并提高粒度分布的均匀性和木粉质量。

(3)超细木粉分离性能研究 对试验制备出的木粉进行有效的分离,并能将不同目数的粉体进行分级收集,实现不同目数的木粉分离、分级。对分离器的选用、结构设计及分离性能进行分析计算。

（4）木粉目数与细胞裂解间的关系　通过对不同目数的木粉进行显微镜观测,分析木材纤维的断裂方式、长度大小与目数间的关系,并分析不同目数的木粉与加工工艺间的关系。

（5）试验粉体的物性研究　对不同目数的木粉进行颗粒的粒径统计分析,对不同目数的木粉进行堆积密度的测量,并对其团聚性进行理论分析计算。

第2章　超细木粉细胞裂解理论的研究

2.1　试　验　原　料

　　超细木粉的加工原料是锯屑,在试验过程中需要大量的锯屑,本书以本地区的针叶材兴安落叶松为主要加工原料,其中会夹杂许多树皮、长度不等的小木段、小土块及各种杂质。在试验前需要进行除尘,将树皮、土块及各种杂质去除后才可以进行试验加工。

　　超细木粉的加工原料为除尘后的锯屑,其直径约为 3 mm。根据锯屑颗粒的显微照片可以看出,颗粒主要形态是小长方体,颗粒的断面呈不规则形态,可以清楚地看到管胞横截面的近似六角形截面(图 2-1),并且可以清楚地看到管胞径向壁上的纹孔和轴向胞间道(图 2-2)。

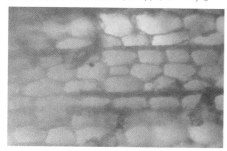　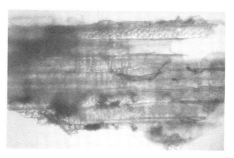

图 2-1　管胞横截面　　　　　　　图 2-2　管胞径向壁上的纹孔和胞间道

　　在针叶材中多数木材管胞径壁上纹孔为单列,但在落叶松属中,早材的兴安落叶松径壁具缘纹孔以 2 列为主,也有的排成 1 列或 3 列,从图 2-2 中可见径壁具缘纹以 2 列为主。兴安落叶松多出现对列式纹孔,即管胞壁上的多列纹孔成对或呈短的横列排列。将图 2-2 局部放大还可以看到具缘纹孔呈一较厚的扁平碟形圆盘状,纹孔塞明显,自纹孔塞到膜缘厚度差别明显。在纹孔塞周围的微纤丝多排列成明显或略明显的同心圆状,膜缘到微纤丝以辐射状排列为主,稀疏至中等。纹孔室表面或纹孔缘外表面瘤状层缺乏或罕见。

胞间道,又称树脂道。胞间道是指具有分泌植物次生代谢产物功能的泌脂细胞所围成的管状细胞间通道。根据胞间道形成方式,可将其分为正常胞间道和创伤胞间道两种类型。正常胞间道一般单个或 2~3 个连成短列,直径小,其周边泌脂细胞壁薄或厚,无纹孔或未木质化,多位于生长轮中晚材部分。而创伤胞间道一般形成长的弦向列,比正常胞间道大,形状不规则,常在弦向方向上互相融合,周边泌脂细胞壁厚,具有纹孔和木质。正常胞间道仅存在于松科的几个属内,如油杉属(只有轴向)、落叶松属、云杉属、松属和黄杉属。落叶松、云杉、松木和黄杉的树种中具有正常的径向和轴向胞间道。

结合图 2-1 与图 2-2,可看出兴安落叶松管胞的横截面具有近似的六边形结构,管胞的径向壁上是窗格型交叉场纹孔,具有正常的胞间道,在进行受力分析研究时将其结构确定为六边形结构。

2.2　锯屑颗粒内裂纹形成原因

锯屑在进行超细木粉加工前已经受外力作用,在一些颗粒内已存在微裂纹,但颗粒内微裂纹的形成大致有两个原因:首先由于锯屑已受过外力作用,纤维间分子界面上已出现各项性质的明显变化,纤维分子链间氢键结合的断裂、滑移和重组,都会引起纤维分子和纤维间的变化,形成颗粒内的缺陷;其次是由于兴安落叶松自身生长原因形成的。落叶松的早材与晚材间过渡属于急变,其中难免存在着可以被看作微裂纹的缺陷。但在进行原料加工时,外力对锯屑颗粒的作用是产生颗粒内微裂纹的主要原因。

2.2.1　外力作用产生微裂纹的分析

木材自身是一种高度各向异性材料,各向异性主轴常规表示为 R、T 和 L,分别为径向、切向和纵向三个方向。纵向方向的弹性模量大约高于其他两个方向弹性模量一个数量级。木材的断裂行为与材料的结构和裂纹扩展的六个主要要素相关联,即 RT、RL、TR、TL、LR 和 LT。每个要素都由一对字母来表示,前面的字母表示裂纹平面的法线方向,后面的字母表示裂纹扩展方向。通常情况下 LT 和 LR 系统的断裂韧性高于其他系统一个数量级。当加工超细木粉的原料为锯屑颗粒时,如

图 2-3 所示,其断口形态极不规则。如果将其放大会看到在其内部有极不规则的微小裂纹。对颗粒断裂而言木材断裂的六个要素作用已不再明显,而锯屑颗粒大小大多在 3 mm 以内,可以假设这些干燥后的锯屑是脆性层状材料,且各向同性,则在颗粒内的这些微小裂纹是木颗粒在受力时发生断裂的主要因素。

图 2-3 锯屑颗粒

按照 Heywood 定义的颗粒形状尺寸测量,锯屑颗粒在三个互相垂直方向的尺寸为长度 l、宽度 b、厚度 t 三个要素,其中颗粒在垂直于高度的平面内有最大的稳定性。从图 2-3 中可以看出锯屑颗粒的断口形态极不规则,用高倍显微镜观测会看到在其内部有极不规则的微小裂纹。将干燥后的锯屑放到制备超细木粉的机器中进行短时间加工,5 min 后取出颗粒样品进行观测,颗粒形状如图 2-4 所示。

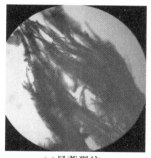 

(a)显著裂纹   (b)微小裂纹

图 2-4 初加工后的片状颗粒

从图 2-4 中可以看出,经过初加工的锯屑颗粒在厚度 t 方向尺寸上已不明显,颗粒呈片状。这主要是由木材结构决定的,木材主要由纤维素、半纤维素和木质素构成,纤维素分子链聚集成束以排列有序的微纤丝状态存在,微纤丝纵向以 C—C、C—O 键结合非常牢固,横纹方向上微纤丝的纤维素链间是以氢键(—OH)结合的,这种键的能量比木材纤维素纵向分子间 C—C、C—O 键结合的能量要小得多。锯屑颗粒在机器内短时间加工受力主要是以打击、撞击为主,外部能量通过高速旋转的转子直接传递给颗粒。则锯屑颗粒由于横向的断裂而变得粒径更小,纵向主要表现为粗微纤丝间的撕裂和微纤丝间的剪切。微纤丝间的断裂破坏是微纤丝间的滑行所致,破坏后呈细裂片状。图 2 - 4(a)中的颗粒裂纹显著,而图 2 - 4(b)用高倍显微镜观测可以看到颗粒内有微小裂纹,此时木材断裂的六个要素作用已不再明显,可以假设这些锯屑是层状材料,且各向同性。用超细木粉机继续加工,20 min 后取出样品观测,如图 2 - 5 所示。这时的颗粒大都是片状且没有开裂程度较大的裂纹,较小的裂纹相对多些,类似于板上出现多个"破洞"。

图 2 - 5　锯屑颗粒内部裂纹

由于裂纹间存在着相互作用,当锯屑颗粒受外部作用时,每个裂纹尖端的应力强度不同于无内部裂纹的锯屑颗粒的应力强度,于是整个颗粒在受外力作用时的应力、应变场和位移场也都由于裂纹的存在和裂纹间的相互干扰而变得不同。通常情况下,当颗粒存在内在裂纹时比无内部裂纹的颗粒更易在外力的作用下发生断裂,而颗粒内存在多处裂纹或缺陷时比存在单一的裂纹或缺陷时更易发生断裂,且发生断裂后的粒径更小。当颗粒内存在多处裂纹时,如使颗粒内的一裂纹对另外一裂纹的尖端应力强度增大,则称之为增强效应;相反,如果使另一处裂纹尖端的应力强度因子小于裂纹单独存在时的应力强度因子,则认为该裂纹对另一裂纹有减弱作用,称之为屏蔽效应。

1. 颗粒内存在单一裂纹

现模拟颗粒内部有单一裂纹情形,如图 2 - 6 所示。应用 Griffith 理论,取裂纹的中心为坐标系的原点,用颗粒受双向拉伸来模拟在加工超细木粉时,颗粒在高速旋转气流作用下的受力情况。

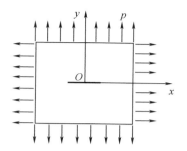

图 2 - 6　有单一裂纹且受双向拉伸的颗粒

由于颗粒的尺寸远大于内部裂纹尺寸,可应用边界条件[41]:

$$\left.\begin{array}{l} \sqrt{x^2 + y^2} \to \infty : \sigma_{xx} = p\cos^2\alpha,\ \sigma_{yy} = p\sin^2\alpha \\ \tau_{xy} = p\sin\alpha\cos\alpha \\ y = 0,\ |x| < a : \sigma_{yy} = 0,\ \tau_{xy} = 0 \end{array}\right\} \qquad (2-1)$$

颗粒的受力可分为受拉和受剪两种情况。当颗粒受拉应力作用时可将其看作是有一穿透裂纹的有限大板的平面问题,取图 2 - 7 所示的直角坐标系,研究在裂纹表面处受到的单位法向张力,其任意点 z 的应力可表示为式(2 - 2)。

$$\left.\begin{array}{l} \sigma_{xx} = p\left\{ \dfrac{r}{\sqrt{r_1 r_2}}\cos\left(\theta - \dfrac{\theta_1 + \theta_2}{2}\right) - \dfrac{a^2 r}{\sqrt{(r_1 r_2)^3}}\sin\theta\sin\left[\dfrac{3}{2}(\theta_1 + \theta_2)\right] - 1 \right\} \\[3mm] \sigma_{yy} = p\left\{ \dfrac{r}{\sqrt{r_1 r_2}}\cos\left(\theta - \dfrac{\theta_1 + \theta_2}{2}\right) + \dfrac{a^2 r}{\sqrt{(r_1 r_2)^3}}\sin\theta\sin\left[\dfrac{3}{2}(\theta_1 + \theta_2)\right] \right\} \\[3mm] \tau_{xy} = p\left\{ \dfrac{a^2 r}{\sqrt{(r_1 r_2)^3}}\sin\theta\cos\left[\dfrac{3}{2}(\theta_1 + \theta_2)\right] \right\} \end{array}\right\} \qquad (2-2)$$

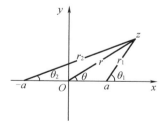

图 2 - 7　笛卡儿直角坐标系

这些应力沿 x 轴的分布为

$$\sigma_{xx}(x,0) = \sigma_{yy}(x,0) = \left\{ \begin{array}{l} -p, \ |x| < a \\ p\left(\dfrac{x}{\sqrt{x^2 - a^2}} - 1 \right), \ |x| > a \end{array} \right\} \quad (2-3)$$

$$\tau_{xy}(x,0) = 0, \ |x| < \infty$$

由式(2-3)可见,在 $x = \pm a$ 处,也就是在裂纹尖端,应力 σ_{xx} 和 σ_{yy} 是无界的,这种无限大的"表现"被称为应力奇异性。它是数学抽象的结果,从物理上考虑并不存在这种奇异性,但在裂纹尖端的解失效。当颗粒受剪切力作用时,在裂纹表面承受的单位剪切力如图 2-8 所示,任意点 z 的应力可表示为式(2-4)。

$$\left. \begin{array}{l} \sigma_{xx} = \tau \left\{ \dfrac{2r}{\sqrt{r_1 r_2}} \sin\left(\theta - \dfrac{\theta_1 + \theta_2}{2} \right) - \dfrac{a^2 r}{\sqrt{(r_1 r_2)^3}} \sin\theta \cos\dfrac{3}{2}(\theta_1 + \theta_2) \right\} \\[4mm] \sigma_{yy} = \tau \left\{ \dfrac{a^2 r}{\sqrt{(r_1 r_2)^3}} \sin\theta \cos\dfrac{3}{2}(\theta_1 + \theta_2) \right\} \\[4mm] \tau_{xy} = \tau \left\{ \dfrac{r}{\sqrt{r_1 r_2}} \cos\left(\theta - \dfrac{\theta_1 + \theta_2}{2} \right) - \dfrac{a^2 r}{\sqrt{(r_1 r_2)^3}} \sin\theta \sin\dfrac{3}{2}(\theta_1 + \theta_2) \right\} \\[4mm] \tau_{xy}(x,0) = \left\{ \begin{array}{ll} 0, & |x| < a \\[2mm] \dfrac{\tau x}{\sqrt{x^2 - a^2}}, & |x| > a \end{array} \right. \end{array} \right\} \quad (2-4)$$

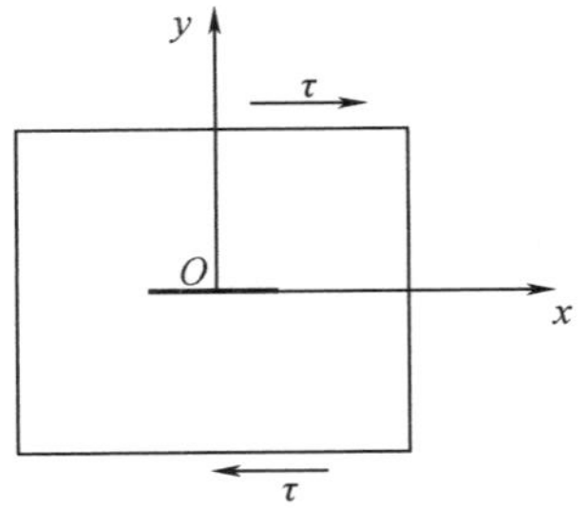

图 2-8　有单一裂纹受剪切的颗粒

2. 颗粒裂纹间的相互作用机制

在超细木粉的加工过程中,研究颗粒内含有一条裂纹的情况是远远不够的。锯屑颗粒在外力作用下其内部可能会同时出现多条微裂纹,因此研究颗粒内多裂纹相互间作用的影响是必须的。

以颗粒内含有两条裂纹来说明裂纹间的相互作用关系。由叠加原理可知,复杂载荷可以分解成某些个别简单载荷,前者的应力强度可以由后者叠加得到。当颗粒内已存在裂纹时,其裂纹在所受外应力不同时,裂纹变形也不同。裂纹模式可分成三类:张开型(Ⅰ型)、滑开型(Ⅱ型)和撕开型(Ⅲ型)。Ⅲ型又称为面外剪切,是沿 z 轴方向滑动的。在平面问题中,多数情形下是Ⅰ型和Ⅱ型相混合,本书主要考虑的也是前两种类型,如图 2-9 所示。

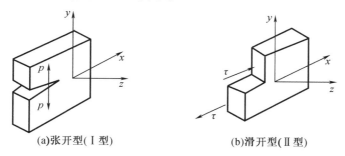

(a)张开型(Ⅰ型)   (b)滑开型(Ⅱ型)

图 2-9 平面问题中的两种基本裂纹模式

Ⅰ型裂纹是外载荷垂直于裂纹面,并且裂纹表面的位移垂直于这个表面。如由图 2-9(a)所示的坐标系考虑裂纹处的应力,必须满足:

$$\left.\begin{array}{l} \dfrac{r_1}{a} \ll 1 \\[2mm] r = a + r_1\cos\theta_1, r_2 = 2a + r_1\cos\theta_1 \\[2mm] \theta = \left(\dfrac{r_1}{a}\right)\sin\theta_1, \theta_2 = \dfrac{1}{2}\left(\dfrac{r_1}{a}\right)\sin\theta_1 \end{array}\right\} \qquad (2-5)$$

由以上条件及式(2-2)可求得Ⅰ型裂纹的渐近应力为

$$\left.\begin{array}{l} \sigma_{x\mathrm{I}}(r_1,\theta_1) = p\sqrt{\dfrac{a}{2r_1}}\left[\cos\dfrac{\theta_1}{2}\left(1-\sin\dfrac{\theta_1}{2}\sin\dfrac{3\theta_1}{2}\right)\right] \\[3mm] \sigma_{y\mathrm{I}}(r_1,\theta_1) = p\sqrt{\dfrac{a}{2r_1}}\left[\cos\dfrac{\theta_1}{2}\left(1+\sin\dfrac{\theta_1}{2}\sin\dfrac{3\theta_1}{2}\right)\right] \\[3mm] \tau_{xy\mathrm{I}}(r_1,\theta_1) = p\sqrt{\dfrac{a}{2r_1}}\left(\cos\dfrac{\theta_1}{2}\sin\dfrac{\theta_1}{2}\sin\dfrac{3\theta_1}{2}\right) \end{array}\right\} \qquad (2-6)$$

Ⅱ型裂纹是裂纹面在其平面内沿 x 方向相互滑动,如图 2-9(b)所示。根据式(2-5)的条件可得到在裂纹表面承受切向剪力时Ⅱ型裂纹的渐近应力场为

$$\left.\begin{aligned}
\sigma_{x\mathrm{II}}(r_1,\theta_1) &= -\tau\sqrt{\frac{a}{2r_1}}\left[\sin\frac{\theta_1}{2}\left(2+\cos\frac{\theta_1}{2}\cos\frac{3\theta_1}{2}\right)\right] \\
\sigma_{y\mathrm{II}}(r_1,\theta_1) &= \tau\sqrt{\frac{a}{2r_1}}\left(\sin\frac{\theta_1}{2}\cos\frac{\theta_1}{2}\cos\frac{3\theta_1}{2}\right) \\
\tau_{xy\mathrm{II}}(r_1,\theta_1) &= \tau\sqrt{\frac{a}{2r_1}}\left[\cos\frac{\theta_1}{2}\left(1-\sin\frac{\theta_1}{2}\sin\frac{3\theta_1}{2}\right)\right]
\end{aligned}\right\}\qquad(2-7)$$

现将颗粒看作是有限大平板内含两处裂纹并受到双向拉伸,应用叠加原理该问题可分解为平板内均含一条裂纹,即两个裂纹各自单独存在且受双向拉伸问题,如图 2 – 10 所示。

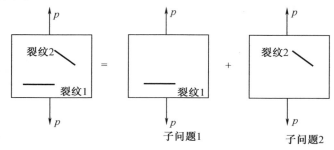

图 2 – 10　含有两个裂纹的有限大平板问题分解

图 2 – 11 所示为两个裂纹的位置示意图,裂纹 1 的坐标与整体坐标相重合,则裂纹 2 的法线方向 $\alpha = \dfrac{\pi}{2} - \varphi$。当裂纹 1 表面承受单位法向张力时,对裂纹 2 也有影响,则在裂纹 2 处,由裂纹 1 对裂纹 2 产生的法向应力和切向应力分别为式(2 – 8)和式(2 – 9)。当裂纹 1 表面承受单位切向剪力时,对裂纹 2 的影响可分别用式(2 – 10)和式(2 – 11)来表示产生的法向应力和切向应力。在子问题 2 中,以裂纹 2 的局部坐标系 $x'O'y'$ 来描述,此时裂纹 1 的法线方向为 $\alpha = \dfrac{\pi}{2} + \varphi$,当裂纹 2 表面承受单位法向张力时,对裂纹 1 产生的法向应力和切向剪力分别为式(2 – 12)和式(2 – 13)。同理,当裂纹 2 表面承受单位切向剪力时,对裂纹 1 产生的法向应力和切向应力分别为式(2 – 14)和式(2 – 15)。

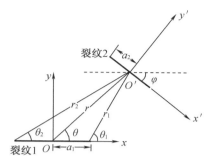

图 2 – 11 含有两个裂纹的位置示意图

$$\sigma_{\alpha\,\mathrm{I}}^{1-2} = \frac{\sigma_{x\,\mathrm{I}}^{1} + \sigma_{y\,\mathrm{I}}^{1}}{2} + \frac{\sigma_{x\,\mathrm{I}}^{1} - \sigma_{y\,\mathrm{I}}^{1}}{2}\cos 2\alpha + \tau_{xy\,\mathrm{I}}^{1}\sin 2\alpha$$

$$= \frac{\sigma_{x\,\mathrm{I}}^{1} + \sigma_{y\,\mathrm{I}}^{1}}{2} - \frac{\sigma_{x\,\mathrm{I}}^{1} - \sigma_{y\,\mathrm{I}}^{1}}{2}\cos 2\varphi + \tau_{xy\,\mathrm{I}}^{1}\sin 2\varphi$$

$$= p\sqrt{\frac{a}{2r_1}}\cos\frac{\theta_1}{2}\left(1 + \sin\frac{\theta_1}{2}\sin\frac{3\theta_1}{2}\cos 2\varphi + \sin\frac{\theta_1}{2}\sin\frac{3\theta_1}{2}\sin 2\varphi\right) \qquad (2-8)$$

$$\tau_{\alpha\,\mathrm{I}}^{1-2} = \frac{\sigma_{x\,\mathrm{I}}^{1} - \sigma_{y\,\mathrm{I}}^{1}}{2}\sin 2\alpha - \tau_{xy\,\mathrm{I}}^{1}\cos 2\alpha$$

$$= \frac{\sigma_{x\,\mathrm{I}}^{1} - \sigma_{y\,\mathrm{I}}^{1}}{2}\sin 2\varphi + \tau_{xy\,\mathrm{I}}^{1}\cos 2\varphi$$

$$= p\sqrt{\frac{a}{2r_1}}\cos\frac{\theta_1}{2}\sin\frac{\theta_1}{2}\sin\frac{3\theta_1}{2}\left(-\sin 2\varphi + \cos 2\varphi\right) \qquad (2-9)$$

$$\sigma_{\alpha\,\mathrm{II}}^{1-2} = \frac{\sigma_{x\,\mathrm{II}}^{1} + \sigma_{y\,\mathrm{II}}^{1}}{2} + \frac{\sigma_{x\,\mathrm{II}}^{1} - \sigma_{y\,\mathrm{II}}^{1}}{2}\cos 2\alpha + \tau_{xy\,\mathrm{II}}^{1}\sin 2\alpha$$

$$= \tau\sqrt{\frac{a}{2r_1}}\left[-\sin\frac{\theta_1}{2} + \sin\frac{\theta_1}{2}\left(1 + \cos\frac{\theta_1}{2}\cos\frac{3\theta_1}{2}\right)\cos 2\varphi + \right.$$

$$\left. \cos\frac{\theta_1}{2}\left(1 - \sin\frac{\theta_1}{2}\sin\frac{3\theta_1}{2}\right)\sin 2\varphi\right] \qquad (2-10)$$

$$\tau_{\alpha\,\mathrm{II}}^{1-2} = \frac{\sigma_{x\,\mathrm{II}}^{1} - \sigma_{y\,\mathrm{II}}^{1}}{2}\sin 2\alpha - \tau_{xy\,\mathrm{II}}^{1}\cos 2\alpha$$

$$= -\tau\sqrt{\frac{a}{2r_1}}\left[\sin\frac{\theta_1}{2}\left(1 + \cos\frac{\theta_1}{2}\cos\frac{3\theta_1}{2}\right)\sin 2\varphi - \right.$$

$$\left. \cos\frac{\theta_1}{2}\left(1 - \sin\frac{\theta_1}{2}\sin\frac{3\theta_1}{2}\right)\cos 2\varphi\right] \qquad (2-11)$$

$$\sigma_{\alpha I}^{2-1} = \frac{\sigma_{x'I}^2 + \sigma_{y'I}^2}{2} + \frac{\sigma_{x'I}^2 - \sigma_{y'I}^2}{2}\cos 2\alpha + \tau_{x'y'I}^2 \sin 2\alpha$$

$$= p\sqrt{\frac{a}{2r_1'}}\cos\frac{\theta_1'}{2}\left(1 + \sin\frac{\theta_1'}{2}\sin\frac{3\theta_1'}{2}\cos 2\varphi - \sin\frac{\theta_1'}{2}\sin\frac{3\theta_1'}{2}\sin 2\varphi\right) \quad (2-12)$$

$$\tau_{\alpha I}^{2-1} = \frac{\sigma_{x'I}^2 - \sigma_{y'I}^2}{2}\sin 2\alpha - \tau_{x'y'I}^2 \cos 2\alpha$$

$$= p\sqrt{\frac{a}{2r_1'}}\cos\frac{\theta_1'}{2}\sin\frac{\theta_1'}{2}\sin\frac{3\theta_1'}{2}(\sin 2\varphi + \cos 2\varphi) \quad (2-13)$$

$$\sigma_{\alpha II}^{2-1} = \frac{\sigma_{x'II}^2 + \sigma_{y'II}^2}{2} + \frac{\sigma_{x'II}^2 - \sigma_{y'II}^2}{2}\cos 2\alpha + \tau_{x'y'II}^2 \sin 2\alpha$$

$$= \tau\sqrt{\frac{a}{2r_1'}}\Big[-\sin\frac{\theta_1'}{2} + \sin\frac{\theta_1'}{2}\left(1 + \cos\frac{\theta_1'}{2}\cos\frac{3\theta_1'}{2}\right)\cos 2\varphi -$$

$$\cos\frac{\theta_1'}{2}\left(1 - \sin\frac{\theta_1'}{2}\sin\frac{3\theta_1'}{2}\right)\sin 2\varphi\Big] \quad (2-14)$$

$$\tau_{\alpha II}^{2-1} = \frac{\sigma_{x'II}^2 - \sigma_{y'II}^2}{2}\sin 2\alpha - \tau_{x'y'II}^2 \cos 2\alpha$$

$$= \tau\sqrt{\frac{a}{2r_1'}}\Big[\sin\frac{\theta_1'}{2}\left(1 + \cos\frac{\theta_1'}{2}\cos\frac{3\theta_1'}{2}\right)\sin 2\varphi + \cos\frac{\theta_1'}{2}\left(1 - \sin\frac{\theta_1'}{2}\sin\frac{3\theta_1'}{2}\right)\cos 2\varphi\Big]$$

$$(2-15)$$

3. 颗粒裂纹间的相互作用矩阵

颗粒间的裂纹力是非均匀分布的,在计算裂纹间的相互作用时很烦琐,可以应用 Kachanov 的简化方法来进行处理[42]。当裂纹间的位置相距较远时,可以应用平均处理办法进行计算,这样可以减小误差,如图 2-12 所示。把非均匀分布的力分解成两部分,一部分为均匀分布的力,另一部分为平均值为 0 的非均匀分布力。在计算颗粒受外力作用后其内部裂纹间的相互作用时,可以忽略平均值为 0 的非均匀分布力的影响。

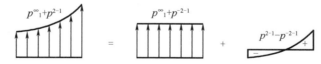

图 2-12　裂纹面力分解为均匀部分和非均匀部分

在裂纹 1 受力属于张开型时,会对裂纹 2 产生法向应力和切向应力,这两种应力都可分解成两部分,为了便于计算可取裂纹 2 的局部坐标系 $x'O'y'$ 作为参考坐标系,得到整体坐标变换公式为

$$\left.\begin{array}{l} x = x'\cos\varphi + r\cos\theta \\ y = x'\sin\varphi + r\sin\theta \quad (-a_2 \leqslant x' \leqslant a_2) \end{array}\right\} \quad (2-16)$$

式中 $r\cos\theta$、$r\sin\theta$ 分别为裂纹 2 的中点 O' 在 xOy 坐标系中的横坐标和纵坐标。其中

$$r = \sqrt{x^2 + y^2}, \theta = \arctan\frac{y}{x}, r_1 = \sqrt{(r\cos\theta - a_1)^2 + (r\sin\theta)^2}$$

$$\theta_1 = \arctan\left|\frac{r\sin\theta}{r\cos\theta - a_1}\right|, \theta_2 = \arctan\left|\frac{r\sin\theta}{r\cos\theta + a_1}\right|$$

$\sigma_{\alpha\mathrm{I}}^{1-2}$、$\tau_{\alpha\mathrm{I}}^{1-2}$、$\sigma_{\alpha\mathrm{II}}^{1-2}$、$\tau_{\alpha\mathrm{II}}^{1-2}$ 的表达式最终可表示成含有 x' 的函数,并且容易得出它们的平均值表达式为

$$\left.\begin{array}{l} \overline{\sigma_{\alpha\mathrm{I}}^{1-2}} = \dfrac{1}{2a_2}\displaystyle\int_{-a_2}^{a_2} \sigma_{\alpha\mathrm{I}}^{1-2}(x')\,\mathrm{d}x' \\[2mm] \overline{\tau_{\alpha\mathrm{I}}^{1-2}} = \dfrac{1}{2a_2}\displaystyle\int_{-a_2}^{a_2} \tau_{\alpha\mathrm{I}}^{1-2}(x')\,\mathrm{d}x' \\[2mm] \overline{\sigma_{\alpha\mathrm{II}}^{1-2}} = \dfrac{1}{2a_2}\displaystyle\int_{-a_2}^{a_2} \sigma_{\alpha\mathrm{II}}^{1-2}(x')\,\mathrm{d}x' \\[2mm] \overline{\tau_{\alpha\mathrm{II}}^{1-2}} = \dfrac{1}{2a_2}\displaystyle\int_{-a_2}^{a_2} \tau_{\alpha\mathrm{II}}^{1-2}(x')\,\mathrm{d}x' \end{array}\right\} \quad (2-17)$$

同理,可求出平均值 $\overline{\sigma_{\alpha\mathrm{I}}^{2-1}}$、$\overline{\tau_{\alpha\mathrm{I}}^{2-1}}$、$\overline{\sigma_{\alpha\mathrm{II}}^{2-1}}$、$\overline{\tau_{\alpha\mathrm{II}}^{2-1}}$ 的表达式。颗粒在加工过程中类似于在无穷远处施加外力 $[\sigma_x \quad \sigma_y \quad \tau_{xy}]^\mathrm{T}$,则在裂纹 1 和 2 处产生的法向应力和切向剪力为

$$\begin{bmatrix} p_1 \\ q_1 \\ p_2 \\ q_2 \end{bmatrix} = \begin{bmatrix} \sin^2\theta & \cos^2\theta & -\sin 2\theta \\ -\dfrac{\sin 2\theta}{2} & \dfrac{\sin 2\theta}{2} & \cos 2\theta \\ \sin^2(\theta+\varphi) & \cos^2(\theta+\varphi) & -\sin 2(\theta+\varphi) \\ -\dfrac{\sin 2(\theta+\varphi)}{2} & \sin 2(\theta+\varphi) & \cos 2(\theta+\varphi) \end{bmatrix} \begin{bmatrix} \sigma_x \\ \sigma_y \\ \tau_{xy} \end{bmatrix} \quad (2-18)$$

式中 θ 为裂纹 1 与整体坐标 x 轴之间的夹角,φ 为裂纹 2 与局部坐标系 x' 轴之间的夹角。通常将裂纹 1 视为主裂纹将问题简化,令 $\theta = 0$,于是可得到其中一个裂纹受力对另一裂纹的作用力,即

$$\begin{bmatrix} \overline{p_1} \\ \overline{q_1} \\ \overline{p_2} \\ \overline{q_2} \end{bmatrix} = \begin{bmatrix} p_1 \\ q_1 \\ p_2 \\ q_2 \end{bmatrix} + \begin{bmatrix} 0 & 0 & \overline{\sigma_{\alpha\mathrm{I}}^{2-1}} & \overline{\sigma_{\alpha\mathrm{II}}^{2-1}} \\ 0 & 0 & \overline{\tau_{\alpha\mathrm{I}}^{2-1}} & \overline{\tau_{\alpha\mathrm{II}}^{2-1}} \\ \overline{\sigma_{\alpha\mathrm{I}}^{1-2}} & \overline{\sigma_{\alpha\mathrm{II}}^{1-2}} & 0 & 0 \\ \overline{\tau_{\alpha\mathrm{I}}^{1-2}} & \overline{\tau_{\alpha\mathrm{II}}^{1-2}} & 0 & 0 \end{bmatrix} \begin{bmatrix} \overline{p_1} \\ \overline{q_1} \\ \overline{p_2} \\ \overline{q_2} \end{bmatrix} \quad (2-19)$$

可将式(2-19)写为$\overline{T} = (E - \Lambda)^{-1}T$,其中$\Lambda$为裂纹间的相互作用矩阵。

4. 颗粒断裂判据

从式(2-6)至式(2-15)中可以看出裂纹顶端的应力正比于$\dfrac{1}{\sqrt{r_1}}$,当$r_1 \to 0$时引起的应力值将趋于无穷,使得应力具有$\dfrac{1}{\sqrt{r_1}}$阶的奇异性。这里的r_1从裂纹顶端算起,应力场在裂纹顶端范围的强度针对不同裂纹模式,可记为应力强度因子K_{I}、K_{II}。将式(2-6)和式(2-7)改写为有应力强度因子的式(2-20)和式(2-21)。则 I 型裂纹表面承受拉应力时的渐近应力场为

$$
\left.
\begin{aligned}
\sigma_{x\mathrm{I}}(r_1, \theta_1) &= \frac{K_{\mathrm{I}}}{\sqrt{2\pi r_1}} \cos\frac{\theta_1}{2}\left(1 - \sin\frac{\theta_1}{2}\sin\frac{3\theta_1}{2}\right) \\
\sigma_{y\mathrm{I}}(r_1, \theta_1) &= \frac{K_{\mathrm{I}}}{\sqrt{2\pi r_1}} \cos\frac{\theta_1}{2}\left(1 + \sin\frac{\theta_1}{2}\sin\frac{3\theta_1}{2}\right) \\
\tau_{xy\mathrm{I}}(r_1, \theta_1) &= \frac{K_{\mathrm{I}}}{\sqrt{2\pi r_1}} \cos\frac{\theta_1}{2}\sin\frac{\theta_1}{2}\sin\frac{3\theta_1}{2}
\end{aligned}
\right\}
\quad (2-20)
$$

II 型裂纹表面承受切向剪力时的渐近应力场为

$$
\left.
\begin{aligned}
\sigma_{x\mathrm{II}}(r_1, \theta_1) &= -\frac{K_{\mathrm{II}}}{\sqrt{2\pi r_1}} \sin\frac{\theta_1}{2}\left(2 + \cos\frac{\theta_1}{2}\cos\frac{3\theta_1}{2}\right) \\
\sigma_{y\mathrm{II}}(r_1, \theta_1) &= \frac{K_{\mathrm{II}}}{\sqrt{2\pi r_1}} \sin\frac{\theta_1}{2}\cos\frac{\theta_1}{2}\cos\frac{3\theta_1}{2} \\
\tau_{xy\mathrm{II}}(r_1, \theta_1) &= \frac{K_{\mathrm{II}}}{\sqrt{2\pi r_1}} \cos\frac{\theta_1}{2}\left(1 - \sin\frac{\theta_1}{2}\sin\frac{3\theta_1}{2}\right)
\end{aligned}
\right\}
\quad (2-21)
$$

在平面问题中,多数情况下是复合型裂纹即 I 型裂纹和 II 型裂纹相混合的情形,将式(2-20)和式(2-21)相叠加即可得式(2-22)。

$$
\left.
\begin{aligned}
\sigma_{xx}(r_1, \theta_1) &= \frac{K_{\mathrm{I}}}{\sqrt{2\pi r_1}} \cos\frac{\theta_1}{2}\left(1 - \sin\frac{\theta_1}{2}\sin\frac{3\theta_1}{2}\right) - \frac{K_{\mathrm{II}}}{\sqrt{2\pi r_1}} \sin\frac{\theta_1}{2}\left(2 + \cos\frac{\theta_1}{2}\cos\frac{3\theta_1}{2}\right) \\
\sigma_{yy}(r_1, \theta_1) &= \frac{K_{\mathrm{I}}}{\sqrt{2\pi r_1}} \cos\frac{\theta_1}{2}\left(1 + \sin\frac{\theta_1}{2}\sin\frac{3\theta_1}{2}\right) + \frac{K_{\mathrm{II}}}{\sqrt{2\pi r_1}} \sin\frac{\theta_1}{2}\cos\frac{\theta_1}{2}\cos\frac{3\theta_1}{2} \\
\tau_{xy}(r_1, \theta_1) &= \frac{K_{\mathrm{I}}}{\sqrt{2\pi r_1}} \cos\frac{\theta_1}{2}\sin\frac{\theta_1}{2}\sin\frac{3\theta_1}{2} + \frac{K_{\mathrm{II}}}{\sqrt{2\pi r_1}} \cos\frac{\theta_1}{2}\left(1 - \sin\frac{\theta_1}{2}\sin\frac{3\theta_1}{2}\right)
\end{aligned}
\right\}
$$

$$(2-22)$$

将式(2-6)、式(2-7)与式(2-20)、式(2-21)相比较,可得$K_{\mathrm{I}} =$

$\sqrt{\pi}ap\sin^2\alpha$，$K_{II}=\sqrt{\pi a}\tau\sin\alpha\cos\alpha$，Irwin 在继承 Griffith 经典断裂理论内核的基础上通过试验测出 K_{I} 的临界值，每一种材料在一定的条件下的临界值是个常数，并将这个常数记为 K_{IC}，建立带裂纹材料或结构断裂的判据 $K_{I}=K_{IC}$。对于 I 型裂纹，$\sigma_y=1$，$\sigma_x=\tau_{xy}=0$，当 $\alpha=\dfrac{\pi}{2}$ 时，$K_{I}=\sqrt{\pi a}p$。其中 p 代表外加拉伸应力，且内压与双向均匀拉伸或单向拉伸的 K_{I} 计算结果一致，因此在远处拉伸 $\sigma_{yy}^{\infty}=p$ 和在裂纹面上受内压 $\sigma_{yy}=-p$ 作用的裂纹，从断裂力学意义上讲这两个问题等价。对于 II 型裂纹，$\tau_{xy}=1$，$\sigma_x=\sigma_y=0$，当 $\alpha=\dfrac{\pi}{2}$ 时，$K_{II}=\sqrt{\pi a}\tau$。

以粉碎含水率 20% 的 2.5 目（粒径为 8×10^{-3} m^3）松木刨花为例，泊松比 $\mu=0.42$，杨氏弹性模量 $Y=1.6\times10^{10}$ Pa，单位体积颗粒的抗压强度 $S_0=3\times10^{10}$ Pa，单位体积 $V_0=1.2\times10^{-8}$ m^3，密度 $\rho=0.55\times10^3$ $\mathrm{kg/m^3}$，威布尔均匀性系数 $m=2$[43]，进行颗粒内裂纹强度因子 K_{I} 和 K_{II} 的计算。为简化计算，设裂纹长度为单位长度，将棒状锯屑颗粒的体积化成球的当量体积，则可得到 $K_{I}=K_{II}=\sqrt{\pi}S_0v=\dfrac{4}{3}\pi^{3/2}S_0r^3\approx$ 1.1 MPa。将干燥后的锯屑放到制备超细木粉的机器中进行加工，此木粉机是课题组研究人员自行设计研发的。在加工超细木粉的过程中，取刀盘直径 $D=280$ mm，刀具主轴转速 $n=7\ 000$ r/min，切削角 $\delta=5°$，查表得 $x=0.926$，$a_h=1.0$，$H=0.42$，$a_q=1.0$，$A=0.074$，$e_\mu=0.07$ mm，切削速度 $v=\dfrac{\pi Dn}{60\ 000}=102.6$ m/s。根据切削力的经验公式

$$K_\mu=\frac{F_x'\mu}{e_\mu}=9.087\left[10xH+\frac{(1-x)H}{e_\mu}\right];\quad x=\frac{H-f_1'}{H}\qquad(2-23)$$

计算得到单位切削力 $K_\mu=16.83$ MPa，远大于 K_{I} 和 K_{II}，也远大于复合裂纹的强度因子，则颗粒可断裂。

将大量锯屑进行超细木粉初次加工并取出样品进行显微测量，木粉粒径大都在 200 目左右，图 2-13 所示为锯屑断裂后的颗粒形态，颗粒形态大都呈棒状。将 200 目左右的木粉用生物显微镜进行 40 倍放大后可以清楚地看到管胞径壁上的纹孔对，如图 2-14（a）所示。图 2-14（b）为细胞壁上任意排列的纤丝。纤丝是由许多微纤丝集合或束合形成的较大单位，常称为大纤丝或纤丝，纤丝的直径可达 0.4 μm或 0.4~1.0 μm。

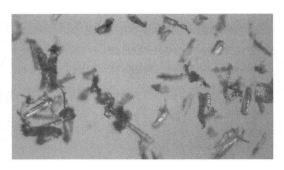

图 2－13　200 目左右木粉颗粒形态（锯屑断裂后）

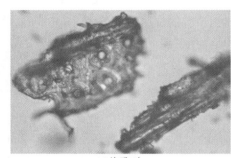

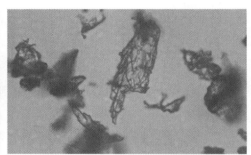

(a)纹孔对　　　　　　　　　　　　　　(b)纤丝

图 2－14　200 目左右木粉(40 ×)

5.脆性层状材料的断裂分析

超细木粉加工原料大都是兴安落叶松锯屑。兴安落叶松在一个生长轮中,早材至晚材轴向管胞的径向直径和管胞壁厚度变化程度较大,属于急变,早材带与晚材带过渡区别明显。通常晚材管胞的胞壁厚、胞腔小、密度大、强度高,而早材管胞的胞壁薄、胞腔大、密度小、强度低,根据这一特点可以将干燥后的锯屑假设为脆性层状材料且为各向异性的复合材料来处理。目前复合材料的断裂力学研究一般沿两个方向进行:首先,宏观地将复合材料作为各向异性连续体,研究其外部裂纹或内部裂纹的行为;其次,以半经验的方法研究单向纤维增强复合材料板裂纹尖端附近的微观行为。依据图 2－5 采用第一种方法研究锯屑的断裂行为。应用断裂力学来分析复合材料的断裂有其本身固有的特点:第一,在复合材料中引发断裂的初始缺陷都非常小;第二,纤维增强复合材料具有异质性。在一单层内,裂纹可能是不连续的,裂纹的扩展是非自相似的(不沿原裂纹面扩展)。对于复合材料,每层内的裂纹产生、扩展过程可能是各不相同的,而且还可能发生分层。脆性层状材料的特点是各向异性、非均质性和脆性,且层间性能远低于层内性能,这些特点与针

30

叶材的细胞间性质结构一致。

在直角坐标系中,各向异性材料的应力 – 应变关系可写成

$$
\begin{bmatrix}
\varepsilon_x \\
\varepsilon_y \\
\varepsilon_z \\
\gamma_{yz} \\
\gamma_{zx} \\
\gamma_{xy}
\end{bmatrix}
=
\begin{bmatrix}
a_{11} & a_{12} & a_{13} & a_{14} & a_{15} & a_{16} \\
a_{21} & a_{22} & a_{23} & a_{24} & a_{25} & a_{26} \\
a_{31} & a_{32} & a_{33} & a_{34} & a_{35} & a_{36} \\
a_{41} & a_{42} & a_{43} & a_{44} & a_{45} & a_{46} \\
a_{51} & a_{52} & a_{53} & a_{54} & a_{55} & a_{56} \\
a_{61} & a_{62} & a_{63} & a_{64} & a_{65} & a_{66}
\end{bmatrix}
\begin{bmatrix}
\sigma_x \\
\sigma_y \\
\sigma_z \\
\sigma_{yz} \\
\sigma_{zx} \\
\sigma_{xy}
\end{bmatrix}
\tag{2-24}
$$

式中 a_{ij} 为柔度系数。式(2 – 24)的逆式可以写为

$$
\begin{bmatrix}
\sigma_x \\
\sigma_y \\
\sigma_z \\
\sigma_{yz} \\
\sigma_{zx} \\
\sigma_{xy}
\end{bmatrix}
=
\begin{bmatrix}
c_{11} & c_{12} & c_{13} & c_{14} & c_{15} & c_{16} \\
c_{21} & c_{22} & c_{23} & c_{24} & c_{25} & c_{26} \\
c_{31} & c_{32} & c_{33} & c_{34} & c_{35} & c_{36} \\
c_{41} & c_{42} & c_{43} & c_{44} & c_{45} & c_{46} \\
c_{51} & c_{52} & c_{53} & c_{54} & c_{55} & c_{56} \\
c_{61} & c_{62} & c_{63} & c_{64} & c_{65} & c_{66}
\end{bmatrix}
\begin{bmatrix}
\varepsilon_x \\
\varepsilon_y \\
\varepsilon_z \\
\gamma_{yz} \\
\gamma_{zx} \\
\gamma_{xy}
\end{bmatrix}
\tag{2-25}
$$

式中 c_{ij} 为柔度系数。由于 $a_{ij}=a_{ji}$, $c_{ij}=c_{ji}$,上述 36 个 a_{ij} 或 c_{ij} 中只有 21 个是独立的系数。坐标系的 x、y、z 轴分别与各向异性材料的三个弹性对称轴垂直,a_{ij} 和 c_{ij} 的数目分别减少到 9 个,分别为 a_{11}、a_{12}、a_{13}、a_{22}、a_{23}、a_{33}、a_{44}、a_{55}、a_{66} 和 c_{11}、c_{12}、c_{13}、c_{22}、c_{23}、c_{33}、c_{44}、c_{55}、c_{66},其他系数均为 0。

柔度系数与弹性模量 E_{ij}、泊松比 ν_{ij} 以及剪切弹性模量 μ_{ij} 之间存在的关系为式(2 – 26)。

$$
\left.
\begin{aligned}
& a_{11} = \frac{1}{E_{11}},\ a_{22} = \frac{1}{E_{22}},\ a_{33} = \frac{1}{E_{33}} \\
& a_{12} = -\frac{\nu_{21}}{E_{22}} = -\frac{\nu_{12}}{E_{11}},\ a_{13} = -\frac{\nu_{31}}{E_{33}} = -\frac{\nu_{13}}{E_{11}},\ a_{23} = -\frac{\nu_{32}}{E_{33}} = -\frac{\nu_{23}}{E_{22}} \\
& a_{44} = \frac{1}{\mu_{23}},\ a_{55} = \frac{1}{\mu_{13}},\ a_{66} = \frac{1}{\mu_{12}}
\end{aligned}
\right\}
\tag{2-26}
$$

刚度系数 c_{ij} 也可以用 E_{ij}、ν_{ij}、μ_{ij} 表示,其关系式为(2 – 27)。

$$c_{11} = \frac{1}{\Delta_p}\frac{1-\nu_{23}\nu_{32}}{E_{22}E_{33}}, c_{22} = \frac{1}{\Delta_p}\frac{1-\nu_{13}\nu_{31}}{E_{11}E_{33}}, c_{33} = \frac{1}{\Delta_p}\frac{1-\nu_{12}\nu_{21}}{E_{11}E_{22}} \left.\begin{array}{l} \\ \\ \\ \\ \\ \\ \\ \\ \\ \end{array}\right\}$$

$$c_{12} = \frac{1}{\Delta_p}\frac{\nu_{21}+\nu_{31}\nu_{23}}{E_{22}E_{33}} = \frac{1}{\Delta_p}\frac{\nu_{13}+\nu_{12}\nu_{23}}{E_{11}E_{22}}$$

$$c_{23} = \frac{1}{\Delta_p}\frac{\nu_{32}+\nu_{12}\nu_{31}}{E_{11}E_{33}} = \frac{1}{\Delta_p}\frac{\nu_{23}+\nu_{21}\nu_{32}}{E_{11}E_{22}} \qquad (2-27)$$

$$c_{44} = \mu_{23}, c_{55} = \mu_{33}, c_{66} = \mu_{12}$$

式中

$$\Delta_p = \frac{1}{E_{11}E_{22}E_{33}}(1-2\nu_{21}\nu_{32}\nu_{13}-\nu_{12}\nu_{21}-\nu_{23}\nu_{32}-\nu_{31}\nu_{13})$$

在广义平面应力状态下,认为 σ_z、σ_{yz}、τ_{xz} 可以忽略,σ_x、σ_y、τ_{xy} 取其沿厚度的平均值,此时式(2-24)退化为式(2-28)。

$$\begin{bmatrix}\varepsilon_x\\\varepsilon_y\\\gamma_{xy}\end{bmatrix} = \begin{bmatrix}a_{11}&a_{12}&a_{16}\\a_{21}&a_{22}&a_{26}\\a_{16}&a_{26}&a_{66}\end{bmatrix}\begin{bmatrix}\sigma_x\\\sigma_y\\\tau_{xy}\end{bmatrix} \qquad (2-28)$$

平衡方程为

$$\left.\begin{array}{l}\dfrac{\partial\sigma_x}{\partial x}+\dfrac{\partial\tau_{xy}}{\partial y}=0\\[2mm]\dfrac{\partial\tau_{xy}}{\partial x}+\dfrac{\partial\sigma_y}{\partial y}=0\end{array}\right\} \qquad (2-29)$$

协调方程为

$$\frac{\partial^2\varepsilon_x}{\partial y^2}+\frac{\partial^2\varepsilon_y}{\partial x^2}=\frac{\partial^2\gamma_{xy}}{\partial x\partial y} \qquad (2-30)$$

取应力函数 $U(x,y)$,并令

$$\sigma_x = \frac{\partial^2 U}{\partial y^2}, \sigma_y = \frac{\partial^2 U}{\partial x^2}, \tau_{xy} = -\frac{\partial^2 U}{\partial x\partial y} \qquad (2-31)$$

将式(2-31)代入式(2-27),再代入式(2-28),得

$$a_{22}\frac{\partial^4 U}{\partial x^4}-2a_{26}\frac{\partial^4 U}{\partial x^3\partial y}+(2a_{12}+a_{66})\frac{\partial^4 U}{\partial x^2\partial y^2}-2a_{16}\frac{\partial^4 U}{\partial x\partial y^3}+a_{11}\frac{\partial^4 U}{\partial y^4}=0 \quad (2-32)$$

对于正交各向异性板,a_{ij} 与 E_{ij}、ν_{ij}、μ_{ij} 之间有式(2-26)所示的关系,应用这些关系式则可将式(2-30)变成式(2-31),且假定 x、y 轴与对称主轴重合,则 $a_{16} = a_{26} = 0$,即

$$a_{22}\frac{\partial^4 U}{\partial x^4} + (2a_{12} + a_{66})\frac{\partial^4 U}{\partial x^2 \partial y^2} + a_{11}\frac{\partial^4 U}{\partial y^4} = \frac{1}{E_{22}}\frac{\partial^4 U}{\partial x^4} + \left(\frac{1}{\mu_{12}} - \frac{2\nu_{12}}{E_{11}}\right)\frac{\partial^4 U}{\partial x^2 \partial y^2} + \frac{1}{E_{11}}\frac{\partial^4 U}{\partial y^4} = 0$$

$$(2-33)$$

在平面应变状态下,根据 $\varepsilon_z = \gamma_{yz} = \gamma_{xz} = 0$ 的条件,按与平面应力状态情况类似的推导方法,可得到平面应变条件下与式(2-30)相似的方程(2-34)。

$$\beta_{22}\frac{\partial^4 U}{\partial x^4} - 2\beta_{26}\frac{\partial^4 U}{\partial x^3 \partial y} + (2\beta_{12} + \beta_{66})\frac{\partial^4 U}{\partial x^2 \partial y^2} - 2\beta_{16}\frac{\partial^4 U}{\partial x \partial y^3} + \beta_{11}\frac{\partial^4 U}{\partial y^4} = 0 \quad (2-34)$$

式中 β_{ij} 是与弹性系数有关的常数,且有

$$\beta_{ij} = a_{ij} - \frac{a_{i3}a_{j3}}{a_{33}} \quad (i, j = 1, 2, 3) \quad (2-35)$$

式(2-33)和式(2-34)的通解形式为

$$U(x, y) = 2\text{Re}[U_1(z_1) + U_2(z_2)] \quad (2-36)$$

式中 $z_1 = x + \lambda_1 y$, $z_2 = x + \lambda_2 y$,对应式(2-31),其中 λ_1、λ_2 为方程(2-35)的特征根。

$$a_{11}\lambda^4 - 2a_{16}\lambda^3 + (2a_{12} + a_{66})\lambda^2 - 2a_{26}\lambda + a_{22} = 0 \quad (2-37)$$

方程(2-37)的根为复数或纯虚数。当 x、y 轴与对称主轴重合时,方程(2-37)可写为

$$a_{11}\lambda^4 + (2a_{12} + a_{66})\lambda^2 + a_{22} = 0$$

其根为

$$\left.\begin{array}{l} \lambda_1 = \sqrt{\dfrac{\alpha_0 - \beta_0}{2}} + j\sqrt{\dfrac{\alpha_0 + \beta_0}{2}} \\[3mm] \lambda_2 = -\sqrt{\dfrac{\alpha_0 - \beta_0}{2}} + j\sqrt{\dfrac{\alpha_0 + \beta_0}{2}} \end{array}\right\} \quad (2-38)$$

式中 $\alpha_0 = \sqrt{\dfrac{E_{11}}{E_{22}}}$, $\beta_0 = \dfrac{E_{11}}{2\mu_{12}} - \nu_{12}$, $\alpha_0 > \beta_0$。

脆性正交各向异性层状板材中如果含有一穿透裂纹,应用颗粒内存在单一裂纹的方法可求解出Ⅰ型裂纹尖端应力场的渐近解,为式(2-39),而Ⅱ型裂纹尖端应力场的渐近解为式(2-40)。

$$\left.\begin{array}{l} \sigma_{x\text{I}} = \dfrac{K_{\text{I}}}{\sqrt{2\pi r}}\text{Re}\left[\dfrac{\lambda_1 \lambda_2}{\lambda_1 - \lambda_2}\left(\dfrac{\lambda_2}{\sqrt{\cos\theta + \lambda_2\sin\theta}} - \dfrac{\lambda_1}{\sqrt{\cos\theta + \lambda_1\sin\theta}}\right)\right] \\[4mm] \sigma_{y\text{I}} = \dfrac{K_{\text{I}}}{\sqrt{2\pi r}}\text{Re}\left[\dfrac{1}{\lambda_1 - \lambda_2}\left(\dfrac{\lambda_1}{\sqrt{\cos\theta + \lambda_2\sin\theta}} - \dfrac{\lambda_2}{\sqrt{\cos\theta + \lambda_1\sin\theta}}\right)\right] \\[4mm] \tau_{xy\text{I}} = \dfrac{K_{\text{I}}}{\sqrt{2\pi r}}\text{Re}\left[\dfrac{\lambda_1 \lambda_2}{\lambda_1 - \lambda_2}\left(\dfrac{1}{\sqrt{\cos\theta + \lambda_1\sin\theta}} - \dfrac{1}{\sqrt{\cos\theta + \lambda_2\sin\theta}}\right)\right] \end{array}\right\} \quad (2-39)$$

$$\left.\begin{aligned}
\sigma_{x\mathrm{II}} &= -\frac{K_{\mathrm{II}}}{\sqrt{2\pi r}}\mathrm{Re}\left[\frac{\lambda_1\lambda_2}{\lambda_1-\lambda_2}\left(\frac{\lambda_1+\lambda_2}{\sqrt{\cos\theta+\lambda_2\sin\theta}}+\frac{1}{\sqrt{\cos\theta+\lambda_1\sin\theta}}\right)\right] \\
\sigma_{y\mathrm{II}} &= \frac{K_{\mathrm{II}}}{\sqrt{2\pi r}}\mathrm{Re}\left[\frac{\lambda_1\lambda_2}{\lambda_1-\lambda_2}\left(\frac{1}{\sqrt{\cos\theta+\lambda_1\sin\theta}}-\frac{1}{\sqrt{\cos\theta+\lambda_2\sin\theta}}\right)\right] \\
\tau_{xy\mathrm{II}} &= \frac{K_{\mathrm{II}}}{\sqrt{2\pi r}}\mathrm{Re}\left[\frac{1}{\lambda_1-\lambda_2}\left(\frac{\lambda_1}{\sqrt{\cos\theta+\lambda_2\sin\theta}}+\frac{\lambda_2}{\sqrt{\cos\theta+\lambda_1\sin\theta}}\right)\right]
\end{aligned}\right\} \quad (2-40)$$

式中 $K_{\mathrm{I}}=\sigma\sqrt{\pi a}$，$K_{\mathrm{II}}=\tau\sqrt{\pi a}$。

从上述各应力的表达式可以看出：①在裂纹尖端($r\rightarrow0$)，应力具有 $r^{-\frac{1}{2}}$ 的奇异性，而且应力场强度也由应力强度因子 K_{I}、K_{II} 所决定，这一点与各向同性材料是相同的；②应力的分布不仅与角度 θ 有关，而且与材料的弹性系数有关，这一点与各向同性材料是不同的。

计算脆性层状材料内裂纹间的相互作用矩阵和颗粒断裂判据在计算方法上与脆性材料含裂纹的情况相似，在此不做详述。

2.2.2 木材生长产生微裂纹行为的模拟分析

锯屑在进行超细木粉加工时，颗粒内已有微裂纹存在。主要的原因是受外力作用致使颗粒内产生缺陷，其次是由于兴安落叶松自身生长过程中形成的。落叶松在生长过程中，是非均匀连续体，其中难免存在着可以被看作微裂纹的缺陷。如早材与晚材间的过渡、纤维间的结合面、纹孔及树脂道等，但其中影响最大的是生长过程中早材与晚材间的过渡，这些都可形成颗粒的内部原始裂纹。在断裂力学中认为物质的断裂破碎是选择性进行的，首先沿着缺陷开始。在进行锯屑的超细加工时，这些缺陷都可以看作是微裂纹，使颗粒在受外力作用时出现内部应力集中，积累的内部应力集中引起微观应力集中，最后导致颗粒断裂。

1. 木材产生生长裂纹的原因

在扫描电镜下观测兴安落叶松，早材管胞横切面呈径向伸长的四边形、多边形、矩形，少数呈略方形。最大弦向直径 56 μm，多数 25～51 μm，平均 40 μm。胞壁厚度 2.1～3.4 μm，平均 2.8 μm。管胞长度 2.656～5.531 mm，平均 4.254 mm。径壁纹孔 1～2 列，以 2 列为主，有时不连续。纹孔内口、外口略一致，纹孔直径 17～24 μm，平均 20 μm。晚材管胞横切面呈横向伸长的四边形、多边形、扁椭圆形，少数为略圆形及至生长轮界胞腔呈裂隙状。最大弦向直径 45 μm，多数 28～42 μm，平均 36 μm。胞壁厚度 5.5～10.6 μm，平均 8.1 μm。管胞长度 3.938～5.938 mm，平均 4.901 mm。将图 2-1 部分放大，可以清楚看到管胞径向结构图，其中一个最为清晰的放大部分用细线条勾勒出轮廓,如图 2 – 15 所示。

兴安落叶松木材微观结构可由一个二维规律的蜂窝结构来模拟,如图 2 – 16 所示。

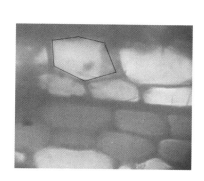

图 2 – 15　管胞横向结构图

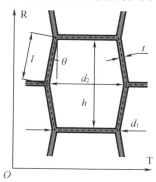

图 2 – 16　六角形单元近似模拟管胞

假设这一管胞垂直于水平面,本书则用一个二维有限元模型来模拟在一个锯屑颗粒内部裂纹扩展形式。现将锯屑颗粒也看作是各向异性的材料,且满足线弹性的应力 – 应变关系,其关系式可以写成

$$
\begin{pmatrix} \varepsilon_{\mathrm{R}} \\ \varepsilon_{\mathrm{T}} \\ \varepsilon_{\mathrm{L}} \\ \varepsilon_{\mathrm{RT}} \end{pmatrix} = \begin{bmatrix} \dfrac{1}{E_{\mathrm{R}}} & \dfrac{-\nu_{\mathrm{RT}}}{E_{\mathrm{T}}} & \dfrac{-\nu_{\mathrm{RL}}}{E_{\mathrm{L}}} & 0 \\[2mm] \dfrac{-\nu_{\mathrm{TR}}}{E_{\mathrm{R}}} & \dfrac{1}{E_{\mathrm{T}}} & \dfrac{-\nu_{\mathrm{TL}}}{E_{\mathrm{L}}} & 0 \\[2mm] \dfrac{-\nu_{\mathrm{LR}}}{E_{\mathrm{R}}} & \dfrac{-\nu_{\mathrm{LT}}}{E_{\mathrm{T}}} & \dfrac{1}{E_{\mathrm{L}}} & 0 \\[2mm] 0 & 0 & 0 & \dfrac{1}{2G_{\mathrm{RT}}} \end{bmatrix} \begin{pmatrix} \sigma_{\mathrm{R}} \\ \sigma_{\mathrm{T}} \\ \sigma_{\mathrm{L}} \\ \sigma_{\mathrm{RT}} \end{pmatrix} \quad (2 – 41)
$$

式中 ε_i 是应变分量;σ_i 是应力分量;E_i、G_{ij} 和 ν_{ij} 是弹性常数。弹性常数由细胞的几何形状和细胞壁的弹性模量来决定。

图 2 – 16 中的六角形单元为框架结构,其等效刚度参数计算方法类似于简支梁理论。其表达式为

$$
E_{\mathrm{R}}^{\mathrm{b}} = \frac{E_{\mathrm{t}}\cos\theta}{\left(\dfrac{d_1}{l} + \sin\theta\right)\sin^2\theta}\left(\frac{t}{l}\right)^3 \quad (2 – 42)
$$

$$
E_{\mathrm{T}}^{\mathrm{b}} = \frac{E_{\mathrm{t}}\left(\dfrac{d_1}{l} + \sin\theta\right)}{\cos^3\theta}\left(\frac{t}{l}\right)^3 \quad (2 – 43)
$$

$$G_{RT} = \frac{E_t \left(\dfrac{d_1}{l} + \sin \theta \right)}{\left(1 + \dfrac{2d_1}{l} \right) \cos \theta} \left(\frac{l}{d_1} \right)^2 \left(\frac{t}{l} \right)^3 \qquad (2-44)$$

$$\nu_{RT} = \frac{\left(\dfrac{d_1}{l} + \sin \theta \right)}{\cos \theta} \tan \theta \qquad (2-45)$$

式中 E_t 表示细胞壁的切向刚度。

细胞单元的有效纵向刚度为 E_L，其表达式为

$$E_L = E_1 \frac{\rho}{\rho_0} \qquad (2-46)$$

式中 　E_1——纵向细胞壁刚度；

　　　ρ——细胞的平均密度；

　　　ρ_0——细胞壁密度。

$$\frac{\rho}{\rho_0} = \frac{\left(2 + \dfrac{d_1}{l} \right)}{2 \left(\dfrac{d_1}{l} + \sin \theta \right) \cos \theta} \left(\frac{t}{l} \right) \qquad (2-47)$$

$\dfrac{\rho}{\rho_0}$ 与细胞壁部分面积和细胞单元横截面积之比成正比。由式（2-42）和式（2-43）可以推出细胞壁弯曲变形的唯一形式。当细胞壁很厚时这种计算方式会导致计算结果过大。如果细胞受力变形时，E_R、E_T 的最终表达式为

$$E_R = \frac{E_R^b E_R^c}{E_R^b + E_R^c} \qquad (2-48)$$

$$E_T = \frac{E_T^b E_T^c}{E_T^b + E_T^c} \qquad (2-49)$$

压缩后的有效刚度为

$$E_R^c = E_t \frac{t}{d_1} \qquad (2-50)$$

$$E_T^c = E_t \frac{t}{2l\cos \theta} \qquad (2-51)$$

关于细胞壁的 E_R、E_T 值，Gibson 在 1988 年就已给出，见表 2-1[44]。但表 2-1 中没有区分早材和晚材，这只是一个近似值，因为次生细胞壁 S_2 层的一小部分从早材到晚材是增加的，从而引起细胞壁的弹性模量在年轮上的性能差异。

表2-1 细胞壁和细胞几何性质

细胞壁参数			细胞的几何参数/μm	
			早材	晚材
E_1	40 GPa	t	3.2	5.7
E_t	10 GPa	h	3.4	17
ρ_0	1 500 kg/m^3	d_1	25	25
		d_2	27	27

兴安落叶松早材到晚材管胞的几何形状显著变化,从图2-17所示显微照片中可以看出这种变化。早材过渡类型包括急变和渐变。急变指同一个生长轮早材至晚材过渡具有明显的结构变化,通常指管胞胞壁和径向直径的变化。早材管胞胞壁薄而且胞腔较宽,而晚材管胞胞壁厚且径向直径较小。相反,在同一个生长轮内早材至晚材过渡没有明显结构变化的即为渐变。大多数具有明显的生长轮界限的针叶树木材生长轮早材到晚材多为渐变式,而早材到晚材过渡为急变式的情况主要出现在松科的一些属中,包括落叶松属、松属硬木松组、黄杉属和铁坚油杉等[45]。

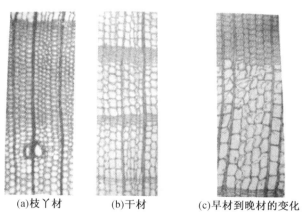

(a)枝丫材　　　(b)干材　　　(c)早材到晚材的变化

图2-17 兴安落叶松的生长轮结构图

兴安落叶松的生长轮很明显,宽度易变,狭窄至略宽。每厘米有3～20个生长轮,或生长轮宽0.45～3.00 mm。早材带占整个生长轮的1/3～2/3。早材至晚材带的变化属于急变,晚材带色深且较宽、较硬,与早材带区别明显。通过图2-17所示的显微照片,可将兴安落叶松生长轮在径向方向上按细胞的形状分为早材和晚材两个不同的部分,并将其模拟为如图2-18所示的结构,此外还可认为晚材层的厚度不变。现假设早材细胞和晚材细胞的细胞壁厚度 t 和细胞高度 h 不变,并设细胞宽度为常数,细胞间的宽度为 d_1,细胞中间部分的宽度为 d_2,如图2-16所示。表2-1中已给出这些数值可作为参考,并将垂直于平面外的泊松比 ν_{RT} 和 ν_{TL} 赋值为0.45。

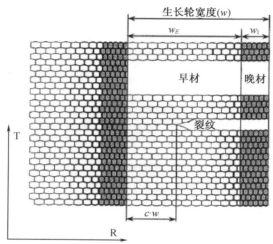

图2-18 兴安落叶松径向生长细胞模拟

2. 木材生长裂纹的有限元分析

现建立二维平面应变有限元模型并假设在试样内有一个径向的向内扩展裂纹。试样正方形长度为20 mm,边界受到一对拉伸载荷 F 为10 N 大小的力,在试样中部有一长为10 mm 的裂纹,如图2-19 所示。

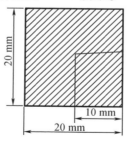

图2-19 带裂纹的试样尺寸

将试样简化成一平面问题,建立平面应力模型,采用 ANSYS 软件进行模拟计算。由于试样是对称性结构,建立几何模型时取整体模型的1/2,并选择软件中的PLANE183 单元六节点三角形来模拟加载过程。以径向较宽的面积部分模拟早材层,而以相对较窄的面积部分模拟晚材层。图2-20中模拟了3个生长轮内带裂纹的试样在受到X方向(水平方向)的拉力时,早材层到晚材层裂纹的扩展情况。

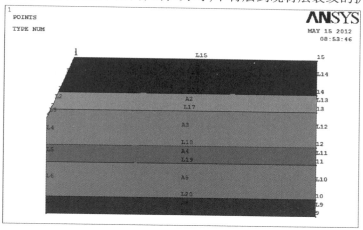

图2-20 在3个生长轮内具有裂纹结构的模拟图

裂纹尖端的应力应变具有高梯度性质,实际上具有奇异性,常规的做法是在裂纹尖端处划分很细的单元。另一种方法是在裂纹尖端采用奇异单元,在裂纹尖端位移具有$\sqrt{r}$阶奇异性,而应力具有$\dfrac{1}{\sqrt{r}}$阶奇异性,则可以采用具有奇异性的单元。

在裂纹尖端采用的奇异单元,是平面8节点二次单元,它的物理坐标是(x,y)而基准坐标是(ξ,η),它们之间的坐标变换关系为

$$\begin{cases} x(\xi,\eta)=N_1(\xi,\eta)x_1+N_2(\xi,\eta)x_2+\cdots+N_8(\xi,\eta)x_8 \\ y(\xi,\eta)=N_1(\xi,\eta)y_1+N_2(\xi,\eta)y_2+\cdots+N_8(\xi,\eta)y_8 \end{cases} \quad (2-52)$$

其中

$$N_i=\frac{\left[(1+\xi\xi_i)(1+\eta\eta_i)-(1-\xi^2)(1+\eta\eta_i)-(1-\eta^2)(1+\xi\xi_i)\right]\xi_i^2\eta_i^2}{4}+$$

$$\frac{(1-\xi^2)(1+\eta\eta_i)(1-\xi_i^2)\eta_i^2}{2}+\frac{(1-\eta^2)(1+\xi\xi_i)(1-\eta_i^2)\xi_i^2}{2} \quad (2-53)$$

由于它们是平面等参元,坐标变换关系为

$$\begin{pmatrix} \dfrac{\partial}{\partial x} \\ \dfrac{\partial}{\partial y} \end{pmatrix}=J^{-1}\begin{pmatrix} \dfrac{\partial}{\partial \xi} \\ \dfrac{\partial}{\partial \eta} \end{pmatrix}=\frac{1}{|J|}\begin{pmatrix} \dfrac{\partial y}{\partial \eta} & -\dfrac{\partial y}{\partial \xi} \\ -\dfrac{\partial x}{\partial \eta} & \dfrac{\partial x}{\partial \xi} \end{pmatrix}\begin{pmatrix} \dfrac{\partial}{\partial \xi} \\ \dfrac{\partial}{\partial \eta} \end{pmatrix} \quad (2-54)$$

则应变为

$$\varepsilon = \begin{pmatrix} \dfrac{\partial N_i}{\partial x} & 0 \\[2mm] 0 & \dfrac{\partial N_i}{\partial y} \\[2mm] \dfrac{\partial N_i}{\partial y} & \dfrac{\partial N_i}{\partial x} \end{pmatrix} = B(x,y) \begin{pmatrix} u_i \\ v_i \end{pmatrix} = J^{-1} B'(\xi,\eta) \begin{pmatrix} u_i \\ v_i \end{pmatrix} \qquad (2-55)$$

对于 8 节点二次单元结构,如图 2 - 21 所示。

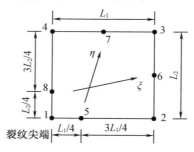

图 2 - 21   用于裂纹尖端计算的 8 节点次单元示意图

选择图 2 - 21 中的点 1 和 2 构成的边,涉及节点 1,2,5,有

$$\left. \begin{aligned} N_1 &= -\frac{1}{2}\xi(1-\xi) \\ N_2 &= \frac{1}{2}\xi(1+\xi) \\ N_3 &= (1-\xi^2) \end{aligned} \right\} \qquad (2-56)$$

因此

$$x = -\frac{1}{2}\xi(1-\xi)x_1 + \frac{1}{2}\xi(1+\xi)x_2 + (1-\xi^2)x_5 \qquad (2-57)$$

选择 $x_1 = 0, x_2 = L, x_3 = L/4$,则有

$$x = \frac{1}{2}\xi(1+\xi)L + (1-\xi^2)L/4 \qquad (2-58)$$

计算得

$$\frac{\partial x}{\partial \xi} = \frac{L}{2}(1+\xi) = \sqrt{\frac{x}{L}} \qquad (2-59)$$

由于在 1 点($x=0$)或 $\xi=-1$ 处,有 $\dfrac{\partial x}{\partial \xi}=0$,则在此处计算的 J^{-1} 出现奇异性,沿 1—2 线,由等参单元的位移得

$$u=-\frac{1}{2}\xi(1-\xi)u_1+\frac{1}{2}\xi(1+\xi)u_2+(1-\xi^2)u_5 \qquad (2-60)$$

将 ξ 换为 x,则

$$u=-\frac{1}{2}\left(-1+2\sqrt{\frac{x}{L}}\right)\left(2-2\sqrt{\frac{x}{L}}\right)u_1+\frac{1}{2}\left(-1+2\sqrt{\frac{x}{L}}\right)\left(2\sqrt{\frac{x}{L}}\right)u_2+$$

$$\left(4\sqrt{\frac{x}{L}}-4\frac{x}{L}\right)u_5 \qquad (2-61)$$

沿 x 方向上的应变为

$$\varepsilon_x=\frac{\partial u}{\partial x}=\frac{\partial u}{\partial \xi}\frac{\partial \xi}{\partial x}$$

$$=-\frac{1}{2}\left(\frac{3}{\sqrt{xL}}-\frac{4}{L}\right)u_1+\frac{1}{2}\left(-\frac{1}{\sqrt{xL}}-\frac{4}{L}\right)u_2+\left(\frac{2}{\sqrt{xL}}-\frac{4}{L}\right)u_5 \qquad (2-62)$$

可以看出在 1 点,应变具有 $\dfrac{1}{\sqrt{r}}$ 阶奇异性,因此由应变获得的应力也具有相同的奇异性。

在断裂模型中最重要的区域是围绕裂纹边缘的部位,通常将 2D 模型的裂纹尖端作为裂纹的边缘,且裂纹尖端附近某点的位移随 $\dfrac{1}{\sqrt{r}}$ 的变化而变化,r 是裂纹尖端到该点的距离。裂纹尖端处的应力和应变是奇异的,随 $\dfrac{1}{\sqrt{r}}$ 变化而变化,因此围绕裂纹尖端的有限元计算单元是二项式的奇异单元。在本次的求解过程中应用 PLANE183,8 节点四边形单元,在围绕裂纹尖端的第一行单元必须具有奇异性,在 ANSYS 中采用 KSCON 命令指定单元围绕关键点分割排列,自动产生奇异单元。在建模时利用对称条件,模拟裂纹区域的一半。裂纹尖端第一行的单元半径是 1/8 裂纹长度,裂纹周围单元角度应在 30°左右,裂纹尖端的单元为等腰三角形,如图 2-22 所示[46]。

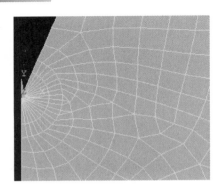

图 2 – 22　裂纹尖端为等腰三角形

在有限元模型中共使用了 32 768 个线性单元,网格在接近裂纹尖端局部细化。从而有利于尖端附近 J 积分的计算,避免在裂纹扩展方向上应用 J 积分估算材料应力的不确定性。图 2 – 23 所示为在裂纹尖端采用奇异单元划分试样的网格效果。在进行受力计算时,早材部分的弹性模量 $E_1 = 10$ GPa,晚材部分的弹性模量 $E_2 = 40$ GPa,兴安落叶松干材的密度 $\rho_0 = 0.65$ g/cm^3,裂纹穿过第 1 个生长轮,裂纹尖端在第 2 个生轮早材带内,施加 F 在试样端部,图 2 – 24 所示为含裂纹的试样受力模拟图。裂纹试样加载后求解结果如图 2 – 25 所示。

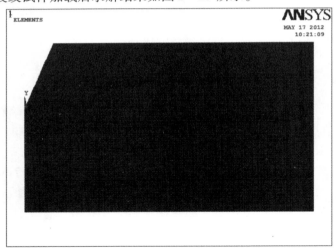

图 2 – 23　试样网格化后的有限元模型

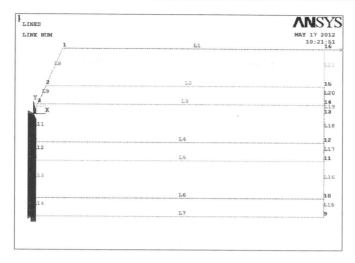

图 2 - 24　试样受力模拟图

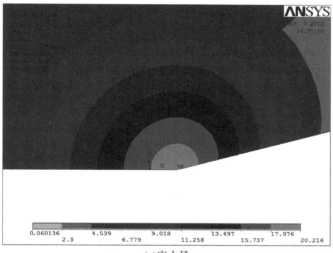

(a)应力场

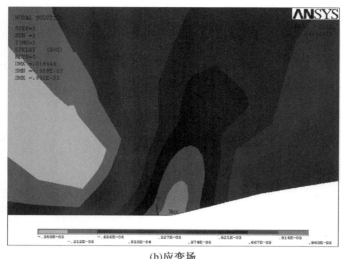

(b)应变场

图2-25 裂纹尖端应力场和应变场

从裂纹尖端的有限元分析结果可以看出,裂纹尖端的应力显著高于其他位置,在其延长线上很可能形成二次裂纹,进入晚材层。特别是这些二次裂纹都将在一个裂纹面内时,将会形成一个不规则的裂纹表面,这样会导致主裂纹在径向上延长。从 J 积分计算的结果的变化中可以看出,质地较硬的晚材层有效地屏蔽了裂纹尖端裂纹的继续扩展,起到了止裂的作用,但这会引起木材重复生长轮刚度的梯度变化。

2.3 加工原料的整体细胞裂解分析

针叶材细胞壁主要由纤维素、半纤维素和木质素三个主要成分构成,纤维素、半纤维素是多糖。纤维素具有很规整的结构,是结晶聚合物,由成千上万的葡萄糖基以共价键的方式连接。半纤维素是由五碳环糖和六碳环糖组成的多而短的支链构成。这些分子链起到了一种无定形的软填充物的作用,缠绕着纤维素区域[47]。木质素是一种苯丙烷基的无定形的凝固态树脂,填充在多糖纤维空隙之间。木质素为木材的强度和耐久性提供保障。当砍伐树木时,只是砍断了局部的单个木质素分子,同时被砍断的还有半纤维素和部分纤维素。但与木质素和半纤维素不同的是纤维素具有很规整的结构。木材在微观尺度上具有明显不同于宏观尺度上的力学性能,而且基于细胞水平的微观力学研究是探索木材复杂力学行为本质的核心内容。

由于木质材料自身树种的多样性及化学构成、物理结构的复杂和不均一性,使其研究起来较为困难且不能有一个统一的研究结果。木材细胞是木材的基本结构单元,能够在微观上反映木材的宏观性质。研究木材细胞的力学性质为能更深入地了解木材的宏观力学特性提供理论基础。对木材细胞的研究主要有两个方面,首先是细胞壁力学模型,其次是木材细胞的结构模型。20世纪50年代相关学者开始木材细胞力学对进行研究,在60年代中期则提出了"细胞壁力学"的概念;而对细胞壁力学的研究在70年代发展得相对成熟[48]。国内外研究人员在研究木材细胞壁力学性能时,大都选择针叶树材作为研究对象,因为针叶材组织及细胞构成相对简单,样品制备也相对简便。研究内容包括天然木材细胞壁不同部位的力学性能、改性木材细胞壁的力学性能、木质复合材料界面的力学性能、天然纤维与人造纤维的力学性能等[49]。本书以针叶材作为模型来进行理论分析,针叶材组织约90%是由管胞构成的,因此管胞细胞壁力学性能的好坏对针叶材宏观力学性能有着重要的影响。研究细胞壁的力学特性及其影响因素有助于从细胞甚至分子水平理解木材的宏观力学特性,把握木材力学特性的本质性起源。本书从两个方面来讨论针叶材细胞壁的力学特性。

2.3.1 应用断裂力学原理计算细胞破壁力

木材为正交各向异性材料,其力学性能取决于作用力大小及方向、木材纹理方向、早材和晚材、树种、相对湿度等,木材在受力时表现出"黏弹性"。木材的破坏一般表现为较大的脆性,当将其在短周期拉伸荷载下,气干材具有脆性和线弹性性质,因而可以用线弹性断裂力学理论研究木材细胞的断裂[50-51]。将目数较低的木粉或微米薄纤维烘干后作为加工原料来加工超细木粉时,就可将其视为各向同性材料,并具有脆性和线弹性性能,因此可以用线弹性断裂力学理论研究木材细胞壁的断裂性能。

1. 木材细胞的破坏形式

木材在树木生长过程和加工过程中形成的大多数裂纹和缺陷大都存在于纤维方向上,而木材在沿纤维方向上抵抗裂纹扩展的阻力最小[52]。木材存在超微结构的四种破坏类型:胞间破坏、胞内破坏、穿壁破坏和壁内破坏[53]。出现的这些破坏形式可归结为两种:第一种是细胞壁间的分离;第二种是横过细胞壁的断裂。

在进行超细木粉加工时,将超细木粉的粒度定义为9~23 μm,而木材细胞的当量直径为10~105 μm,当用原料为20目的较粗木粉进行试验加工时,木材的微观结构必将受外力作用而发生破坏。一粒 20 目的木粉大约包含 8~83 个木材细胞,进行超细加工时以上两种破坏形式同时存在,在这里我们主要考虑细胞的第二种破坏形式。

2. 建立针叶材细胞壁受力模型

针叶树材组织大约 90% 是由管胞构成的,管胞具有不同的横截面,早晚材管胞的形状也不尽相同。但国内外学者在进行细胞壁力学性质研究时大都选用早材管胞,并大都将早材管胞近似看作六角形的截面,因此本书也选用早材管胞作为研究对象,用六棱柱构成的蜂窝结构来模拟管胞[54]。在一般情况下针叶木早材的细胞腔较小,细胞壁较厚,胞壁上有纹孔。在光学显微镜下可观察到在木材细胞壁上各种形式的凹陷结构,这是细胞壁的重要特征之一——纹孔,它是木材细胞壁加厚,产生次生壁时初生壁未被增厚的部分。纹孔形状、类型、数目、直径的大小随树种、早材和晚材、边材和心材、径向和弦向的不同而不同。Matsumura 等[55]在 2005年用激光共聚焦显微镜获得柳杉具缘纹孔图像。本次试验原料是兴安落叶松,它的纹孔为具缘纹孔。对早材管胞纹孔的观察可以看到,纹孔塞明显,表面有无定形物质,结构略现或不明显,周围同心圆状排列的微纤丝略现,膜缘微纤丝束密度中至稀疏,纹孔缘外表面同心圆状微纤丝构造可见。

由于木材细胞的结构使木材在承受抗压和抗弯时在纹孔密集的地方其强度必然有显著的降低,纹孔具有较强的抵抗裂纹扩展的能力,但纹孔缘处常常产生许多微小的裂隙,这主要是因为在裂纹附近出现了应力集中,这些是木材中发生应力集中且裂纹扩展相对容易的地方[56]。1995 年,Mott[57]在球槽形纤维夹紧方式的基础上,利用环境扫描电镜和微型拉伸装置联用技术动态地研究了黑云杉晚材管胞的轴向拉伸断裂机理,进一步发现裂纹往往引发自具缘纹孔区域的不同位置,并且按发生概率的大小可分为三类:①纹孔缘上部和下部的附近区域;②纹孔的内部;③直接穿过纹孔的中心。研究发现,成熟晚材管胞的断裂为典型的脆性断裂。Shaler[58]在 1996 年把自制的微拉伸计置于环境扫描电镜样品室,在拉伸过程连续捕获不同加载阶段管胞的数字图像,并在随后的数字图像相关分析结果中表明:即使在木材纤维的无缺陷区域,表面位移及应变场的分布也是不均匀的,应变集中的位置与各种细胞壁缺陷,如纹孔的位置吻合得相当好。Watanabe 等[59]在 1998 年利用扫描电子显微镜对三种针叶心材柳杉、落叶松和花旗松的标本进行观测,对干燥后的标本施以径向预应力,使标本被压缩到 15%、30% 和 50% 的变形,分别对三种针叶材标本的纹孔进行观测,发现在纹孔膜和塞缘外边界都出现不同程度的裂纹。Furukawa[60]在 1980 年使用扫描电镜研究了单根日本柳杉管胞纵向拉伸下的断裂过程,发现大部分断裂都发生在细胞壁的纹孔附近,并且裂纹扩展的方式可分为两种:①横向裂纹扩展,即裂纹扩展方向与 S_2 层微纤丝方向垂直;②劈裂型扩展,即裂纹沿着 S_2 层微纤丝的方向扩展。通过对断裂后管胞断口形态的分析,断口形态的模式可以认为存在三种情况:第一种模式是由横向裂纹扩展形成的;第二种模式是由于劈裂型裂纹扩展造成的;第三种模式则是前两种模式共同作用的情形。超细木粉试验加工后取出样本进行显微观测分析,发现在超细木粉加工过程中,在落叶松管胞径向壁上的纹孔处易产生应力集中,且在此位置处易发生管胞撕裂。图 2-26 所示为管胞撕裂后在其径向壁上剩下的单列纹孔。

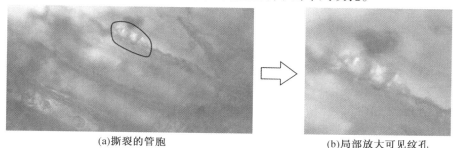

(a)撕裂的管胞　　　　　　　　　　(b)局部放大可见纹孔

图 2-26　管胞径向壁上单列的纹孔

针叶材的管胞横截面结构可以用蜂窝结构来模拟,当管胞受较大径向拉应力时,建立的细胞模型如图 2-27 所示。使用原料为 20 目木粉进行超细木粉的加工,则假设作用于该颗粒上的每个细胞上所受的外力都是相同的。落叶松管胞的平均直径为 30~50 μm,为了便于计算,可取细胞直径为 40 μm,管胞壁厚为 1.2~10 μm,纹孔的直径范围为 3~8 μm,纹孔厚度约 1 μm,纹孔直径按 5 μm 选取,则可将管胞壁上的纹孔抽象为带有裂纹的、有限长的、受径向拉应力 σ 作用的薄板结构。

在制备超细木粉过程中,在加工刀具的刀刃圆半径接近或大于细胞壁平均厚度的切削条件下,刀口前的纤维在一开始切削时不是被刀口切开,而是被刀口压弯。纤维弯曲后在刀口前方包括切削平面以下的纤维都产生拉应力,而拉应力在曲率半径最小的刀口附近最大。细胞壁上的纹孔或原生裂隙附近出现了应力集中,当拉应力超过细胞壁屈服强度极限时,细胞壁上应力集中的地方最容易发生断裂,刀口前的纤维就被拉断,刀口起切开纤维的作用。这一受力过程恰好与木材细胞在切削力作用下先挤压后变形破坏的过程一致。图 2-27 显示了在径向拉伸下从施加负载开始并逐步增大直至细胞壁断裂的变形过程。

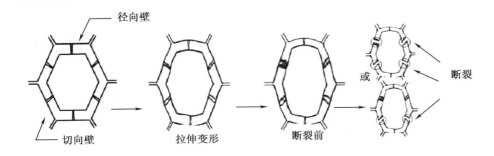

图2-27 针叶早材管胞径向拉伸下直至断裂的变形模型

在断裂力学中裂纹分为张开型、滑开型和撕开型三种类型,其中最危险的裂纹模式为张开型裂纹,它容易引起低应力脆断。而实际中的断裂不可能是由单一裂纹引起的,大多是由复合型裂纹引起的,但为便于计算,通常把复合型裂纹也做为张开型裂纹来进行计算。在木材的管胞中一般都存在细胞壁裂隙、纹孔、界面损伤等大量的原生细观缺陷,现假设细胞壁上已存在的裂纹为已有的细胞壁上的纹孔及原有的裂隙,这样就可以应用断裂力学的知识对细胞破壁力进行计算。K_{IC}是普遍应用及评定材料断裂韧性程度的参数之一,这一参数主要应用于各向同性的弹性体,在对木材进行断裂韧性K_{IC}测定时,要对K_{IC}^{TL}、K_{IC}^{RL}、K_{IC}^{LR}、K_{IC}^{TR}、K_{IC}^{RT}和K_{IC}^{LT}六个参数进行分别测定。超细木粉加工的原料是较粗的木颗粒,它的三个方向特性已不显著,则对加工原料而言它的各向异性不再是显著的特征,在求解木材细胞的破壁力大小时,就可以应用弹塑性断裂力学中的J积分理论进行计算。J积分具有与其积分回路无关的性质,这种性质可以绕开难以分析计算的复杂裂纹尖端区域,可以对分析木材细胞的破壁力计算提供理论参考。

3. 采用J积分进行计算

利用线弹性断裂力学理论不能准确描述木材构件断裂的原因,木材细胞壁结构因树种与生长环境的不同,同一树种因其生长年龄、地域的不同也各不相同。同时细胞壁内部存在大量的微裂纹和细胞壁之间的非均匀性,使木材的变形从加载一开始就表现出显著的非线性;另一方面,木材在断裂过程中存在具有大量微裂纹的断裂过渡区,木构件受到一定外力作用后,它的内部会在胞壁界面产生许多微裂纹,其开裂面大体上同最大拉应力垂直,裂纹主要沿胞壁界面发展,使木材的应力 - 应变曲线出现"应变软化"效应。这样使材料受力构件的裂纹尖端存在较大的塑性变形,这种情况下线弹性断裂力学的描述就会有较大的偏差。

弹塑性力学中的 J 积分有:①具有与其积分回路无关的性质;②J 积分严格定义的应力应变场参量,其数值可以由实验测得;③J 积分是二维的,故它只适用于平面应力和平面应变问题;④塑性变形是不可逆的。J 积分方法只能单调加载而不能卸载。而木材细胞的长度远远大于细胞的截面尺寸,对细胞外廓结构进行统计分析建立简化的数学模型后,我们假设木材细胞的应力分析满足平面应变状态,可以在平面状态下讨论木材细胞的应力特点。J 积分的性质恰好满足木材受力的状态,与我们想要求解的木材细胞破壁力一致。

J 积分是弹塑性断裂力学的一个重要参数,它既能描述裂纹尖端区域应力应变场的强度,又能容易地通过试验来测定,通过 $J - K$ 关系建立起来的应力强度因子 K 可以作为断裂参数。并可以表示为 $K_1 = \sqrt{JE'}$,其中 E' 在平面应变问题中取为 $E' = E(1 - v)$,式中 J 积分只适用于二维问题,Rice 定义了用 J 积分描述平面尖端附近的力学状态,表达式为

$$J = \int_\Gamma \left(W \mathrm{d}y - T_i \frac{\partial u_i}{\partial x} \mathrm{d}s \right) \quad\quad (2-63)$$

其中

$$W = W(\varepsilon_{ij}) = \int_0^{\varepsilon_{ij}} \sigma_{ij} \mathrm{d}\varepsilon_{ij}$$

W 为在均匀、单调加载状态下的应变能密度;T_i 是积分回路 Γ 上线元 $\mathrm{d}s$ 对应的面元 $\mathrm{d}s\mathrm{d}z$ 上的表面力矢量;u_i 为该处的位移矢量;Γ 是从裂纹下表面的任一点起沿逆时针方向绕过裂纹的顶端而止于裂纹上表面的任一点的一条曲线,并且此方向为弧长 s 的正方向。

现设细胞壁受力如图 2-28 所示,所受外力全部作用在 xOy 平面,且不随 z 变化,有长为 $2a$ 的纹孔,根据 J 积分公式可得

$$J = \int_\Gamma \left[W(\varepsilon_{ij}) \mathrm{d}x_2 - T_i \frac{\partial u_i}{\partial x_1} \mathrm{d}s \right] = J_W - J_T \quad\quad (2-64)$$

将积分路径 Γ 分为 1、2、3、4、5、6 六段直线,分别求积分 J_W 和 J_T。

$$J_W = \int_\Gamma W(\varepsilon_{ij}) \mathrm{d}x_2$$

$$= \int_0^c w_1 \mathrm{d}x_2 + \int_{-c}^{-c} w_2 \mathrm{d}x_2 + \int_{-c}^0 w_3 \mathrm{d}x_2 + \int_0^c w_4 \mathrm{d}x_2 + \int_c^c w_5 \mathrm{d}x_2 + \int_{-c}^0 w_6 \mathrm{d}x_2$$

由对称关系

$$w_1 = w_6, w_3 = w_4$$

49

$$\int_{-c}^{-c} w_2 \mathrm{d}x_2 = 0, \int_{c}^{c} w_5 \mathrm{d}x_2 = 0$$

所以

$$J_W = 2 \left(\int_0^c w_4 \mathrm{d}x_2 + \int_{-c}^0 w_6 \mathrm{d}x_2 \right) \qquad (2-65)$$

式中 w 为单位体积内的应变能密度,对线弹性体有

$$w = \frac{1}{2} \sigma_{ij} \varepsilon_{ij} = \frac{1}{2} (\sigma_x \varepsilon_x + \sigma_y \varepsilon_y + \tau_{xy} \gamma_{xy})$$

$$J_T = \int_0^c \vec{T} \frac{\partial \vec{u}}{\partial x_1} \mathrm{d}s + \int_c^{c+d} \vec{T} \frac{\partial \vec{u}}{\partial x_1} \mathrm{d}s + \int_{c+d}^{2c+d} \vec{T} \frac{\partial \vec{u}}{\partial x_1} \mathrm{d}s + \int_{2c+d}^{3c+d} \vec{T} \frac{\partial \vec{u}}{\partial x_1} \mathrm{d}s +$$

$$\int_{3c+d}^{3c+2d} \vec{T} \frac{\partial \vec{u}}{\partial x_1} \mathrm{d}s + \int_{3c+2d}^{4c+2d} \vec{T} \frac{\partial \vec{u}}{\partial x_1} \mathrm{d}s$$

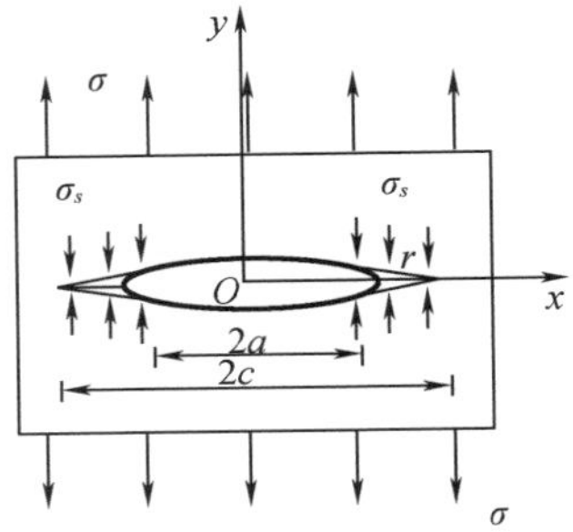

图 2 - 28　带纹孔的细胞壁截面

由对称关系,上式简化为

$$J_T = 2 \left[\int_0^c \left(\vec{T} \frac{\partial \vec{u}}{\partial x_1} \right)_{[4]} \mathrm{d}s + \int_0^d \left(\vec{T} \frac{\partial \vec{u}}{\partial x_1} \right)_{[5]} \mathrm{d}s + \int_0^c \left(\vec{T} \frac{\partial \vec{u}}{\partial x_1} \right)_{[6]} \mathrm{d}s \right]$$

在线段 4 上,$\vec{T}$ 分解为 σ_x 和 τ_{xy},$\vec{u}$ 分解为 η 和 υ,故

$$\int_0^c \left(\vec{T} \frac{\partial \vec{u}}{\partial x_1} \right)_{[4]} \mathrm{d}s = \int_0^c \left[\left(\sigma_x \frac{\partial \eta}{\partial x_1} \right) + \left(\tau_{xy} \frac{\partial \upsilon}{\partial x_1} \right) \right]_{[4]} \mathrm{d}s$$

$$= \int_0^c \left[(\sigma_x \varepsilon_x) + \left(\tau_{xy} \frac{\partial \upsilon}{\partial x_1} \right) \right]_{[4]} \mathrm{d}s$$

在线段 5 上,$\vec{T}$ 分解为 σ_x 和 τ_{xy},$\vec{u}$ 分解为 η 和 υ,故

$$\int_0^d \left(\vec{T} \frac{\partial \vec{u}}{\partial x_1} \right)_{[5]} \mathrm{d}s = \int_0^d \left[\left(\sigma_y \frac{\partial \upsilon}{\partial x_1} \right) + \tau_{xy} \frac{\partial \eta}{\partial x_1} \right]_{[5]} \mathrm{d}s$$

$$= \int_0^d \left(\sigma_y \frac{\partial \upsilon}{\partial x_1} + \tau_{xy} \varepsilon_x \right)_{[5]} \mathrm{d}s$$

在线段 6 上, $\vec{T}$ 分解为 σ_x 和 τ_{xy}, $\vec{u}$ 分解为 η 和 υ, 故

$$\int_0^c \left(\vec{T} \frac{\partial \vec{u}}{\partial x_1} \right)_{[6]} \mathrm{d}s = \int_0^c \left[\left(-\sigma_x \frac{\partial \eta}{\partial x_1} \right) + \left(-\tau_{xy} \frac{\partial \upsilon}{\partial x_1} \right) \right]_{[6]} \mathrm{d}s$$

$$= \int_0^c \left[\left(-\sigma_x \varepsilon_x \right) + \left(-\tau_{xy} \frac{\partial \upsilon}{\partial x_1} \right) \right]_{[6]} \mathrm{d}s$$

故

$$J_T = 2 \left[\int_0^c \left(\sigma_x \varepsilon_x + \tau_{xy} \frac{\partial \upsilon}{\partial x_1} \right)_{[4]} \mathrm{d}s + \int_0^d \left(\tau_{xy} \varepsilon_x + \sigma_y \frac{\partial \upsilon}{\partial x_1} \right)_{[5]} \mathrm{d}s + \right.$$

$$\left. \int_0^c \left(-\sigma_x \varepsilon_x - \tau_{xy} \frac{\partial \upsilon}{\partial x_1} \right)_{[6]} \mathrm{d}s \right] \tag{2-66}$$

式中

$$\left\{ \begin{matrix} \sigma_x \\ \sigma_y \\ \tau_{xy} \end{matrix} \right\} = \frac{\sigma \sqrt{\pi a}}{\sqrt{2\pi r}} \cos \frac{\theta}{2} \left\{ \begin{matrix} 1 - \sin \frac{\theta}{2} \sin \frac{3}{2}\theta \\ 1 + \sin \frac{\theta}{2} \sin \frac{3}{2}\theta \\ \sin \frac{\theta}{2} \cos \frac{3}{2}\theta \end{matrix} \right\} \tag{2-67}$$

$$\left\{ \begin{matrix} \varepsilon_x \\ \varepsilon_y \\ \gamma_{xy} \end{matrix} \right\} = \frac{\sigma \sqrt{\pi a}}{\sqrt{2\pi r}} \cos \frac{\theta}{2} \left\{ \begin{matrix} \frac{1}{2G(1+\mu)} \left[(1-\mu) - (1+\mu)\sin \frac{\theta}{2}\sin \frac{3}{2}\theta \right] \\ \frac{1}{2G(1+\mu)} \left[(1-\mu) + (1+\mu)\sin \frac{\theta}{2}\sin \frac{3}{2}\theta \right] \\ \frac{1}{2G} \sin \frac{\theta}{2}\cos \frac{3}{2}\theta \end{matrix} \right\}$$

$$\tag{2-68}$$

$$\left\{ \begin{matrix} u \\ \upsilon \end{matrix} \right\} = \frac{\sigma \sqrt{\pi a}}{G(1+\mu)} \frac{\sqrt{r}}{\sqrt{2\pi}} \left\{ \begin{matrix} \cos \frac{\theta}{2} \left[(1-\mu) + (1+\mu)\sin^2 \frac{\theta}{2} \right] \\ \sin \frac{\theta}{2} \left[2 - (1-\mu)\cos^2 \frac{\theta}{2} \right] \end{matrix} \right\} \tag{2-69}$$

$$\frac{\partial \upsilon}{\partial x_1} = \cos \theta \frac{\partial \upsilon}{\partial r} - \frac{1}{r} \sin \theta \frac{\partial \upsilon}{\partial \theta}$$

在细胞壁受拉应力 σ 时, 则裂纹顶端附近区域内任意点处的应力由 r 及 θ 确

定,可唯一地求出应力、应变和位移。r 应该有一个上限,这个上限取 $r \leqslant \dfrac{a}{10}$;同时 r 又要大于或等于塑性区尺寸 R,即 $r \geqslant R$。综合考虑以上两个关系,我们就可以得到 $R \leqslant r \leqslant \dfrac{a}{10}$。

塑性区集中在与板平面成 45° 的横向滑移带上,现设裂纹前端附近区域应力场任一点位置的 $r = 0.5$ 和 $\theta = 45°$ 时原生裂纹失稳扩展,引起裂纹体内裂纹失稳扩展,致使细胞壁受力断裂,先将其代入式 (2 – 65) 得 $J_W = 5.7586 \dfrac{\sigma^2}{G}$,代入式 (2 – 66) 得 $J_T = -4.4489 \dfrac{\sigma^2 d}{G}$,将结果代入式 (2 – 63) 中可得 $J = 11.20434 \dfrac{\sigma_L^2}{E_L}$,并将此结果代入 J 积分与应力强度因子 K_I 在平面应力状态下的关系式 $K_I = \sqrt{JE}$,则可得到应力强度因子 K_I 的极值,即断裂韧性 $K_{IC} = 3.3473[\sigma_L]$,$[\sigma_L]$ 为木材的径向许用应力。

4. 理论计算与试验结果相比较

在 1999 年时 Groom 就已证明了木材纤维的纵向抗拉强度直接影响着中密度纤维板的力学性能。余雁在 2003 年运用零距拉伸技术测量杉木人工林管胞纵向抗拉强度的试验研究中得出:杉木人工林早材的生长轮数值范围为 2 ~ 28,早材管胞纵向抗拉强度为 291 ~ 654 MPa,平均值为 452 MPa。而杉木人工林的木材物理力学性质中顺纹抗压强度在中级以上时的数值为 34.4 ~ 82.4 MPa,则可计算出断裂韧性 K_{IC} 的取值为 230.30 ~ 551.64 MPa[61]。

表 2 – 2 归纳了应用本理论计算细胞断裂韧性 K_{IC} 的数值与用单根纤维拉伸法获得的各种木材纤维的纵向抗拉强度数值相比较的结果[62-63]。从表中可以得出,早材纤维的断裂强度大部都在 300 ~ 700 MPa,理论计算的细胞断裂韧性 K_{IC} 的数值大都在这一范围内。不同树种木材纤维的力学性质的差异是相当大的。不同树种木材细胞断裂强度与其抗拉强度试验的结果有的相差较大,究其原因可能是取材不同,受细胞排列方向、纤维比量、胞壁率、微纤丝角及强度测定时受力方向等的影响,还有在进行理论计算时纹孔形状的不同则计算方法就可能不同,这些都会对最终结果有影响,但可以证明细胞类型对木材的各种力学强度的影响程度具有不一致性。

表 2-2 各种针叶早材管胞的断裂强度

树种	顺纹抗压强度	抗拉强度	理论计算断裂韧性 K_{IC}	相符程度	备注
加勒比松	62.53,34	235~539	415.07,354.81,227.62	是	
辐射松	46,40	594	307.96,267.78	否	
火炬松	43.17~58.97	303~718	289.01~394.78	是	
白云杉	48.3	451~617	323.35	否	木材较软,有弹性,硬度小
西加云杉	39.2	696	262.43	否	
加州山松	58.9~82.3	294~501	394.32~550.97	是	属硬松木
长叶松	59.3	372~588	396.99	是	
北美黄杉	76.57~106.99	666	512.61~716.26	是	属硬松木
欧洲云杉	48.3	519	323.35	否	
黄杉	49.6	294~402	332.10	是	
冷杉	35	313~598	234.31	否	
落羽杉	58.9~82.3	451~755	394.32~550.97	是	与加州山松强度类似
杉木人工林	34.4~82.4	291~654	230.30~551.64	是	

在以往的研究中,细胞壁在断裂前切向壁变形弯曲,断裂被认为是突然发生的,当切向壁受力达到欧拉屈服载荷时细胞壁屈服断裂。但这些都忽略了图 2-26 中细胞壁屈服前 θ 的变化。应用 J 积分就可以避开这一变化过程,使问题复杂程度得到简化。本书仅是利用 J 积分进行的理论推导,没有考虑树木的种类、树龄、早材与晚材、各个季节等与木材细胞生长密切相关的特性,也没有细致的考虑纹孔形状在应用 J 积分计算时影响,本书只是初步计算,存在许多不足之处,如果采用 J_{Ic} 针对某一具体的木材细胞壁进行实验测试,则得到的木材细胞的破壁力数值则会更为准确。

2.3.2　应用结构力学计算细胞破壁力

将木屑粉碎到超细级别时,超细木粉的粒径在 9~23 μm,兴安落叶松早材细胞弦向直径平均为 40 μm,晚材细胞弦向直径平均为 36 μm,纹孔直径 17~24 μm[64],此时木材原有的细胞结构已受到破坏,其细胞的组成部分纤维素、半纤维素和木质素相对容易分离。大量文献研究证明木塑复合材料(WPC)光化学降解主要是由紫外线引起的,木塑复合材料中的木质素先发生变化,则复合材料的颜色发生变化,导致复合材料的表面变得更加亲水和粗糙。紫外线加速 WPC 的老化,热作用、雨水冲蚀对其也具有明显的破坏作用[65-66]。这样可在木塑复合材料中降低木质素的含量,减少木塑复合材料对紫外线和较短波段可见光的降解,生产出一种光稳定新的木塑复合材料[67]。超细木粉可使木塑复合材料的光降解性稳定,最大程度稳定复合材料的颜色变化和减少机械性能的损失,因此讨论木材细胞的细胞破壁力的大小具有重要的理论意义。

1. 单细胞力学模型的建立

植物细胞由细胞壁和腔内物质组成,细胞壁是植物细胞所特有的一种结构。木材是由许许多多的空腔细胞所构成的,木材的实体承重结构是细胞壁。木材细胞壁的结构,往往决定了木材及其木材制品的品质及其力学特性。木材细胞壁的主要构成成分是纤维素、半纤维素和木质素三部分。纤维素聚集成有序的微纤丝存在于细胞壁中,给木材赋予力学强度,在细胞壁中起着骨架作用,称此种结构物质为骨架物质;半纤维素以无定形状态渗透在骨架物质之中,起着基本作用,借以增加细胞壁的刚性,故称其为基体物质;细胞壁中具有木质素,它在细胞分化的最后阶段形成,它是木材细胞的一种重要结构特征,木质素渗透于细胞壁的骨架物质中,可以使细胞壁充实和坚硬,所以称其为结壳物质或硬固物质[68]。

针叶材管胞的横断面由光学显微镜观察到的细胞结构近似于六边形形式,规则细胞内部的管胞腔可以近似为圆形的空腔管。图 2-29 是由该模型构建的二维组织模型示意图,规则细胞的横断面图,是单个细胞数学模拟的坐标变换和排列组合演变。在木材规则细胞微观结构图中,微纤丝组成了近似六棱体胞腔壁,胶脂、水分、糖类化合物分布在空腔内[69]。

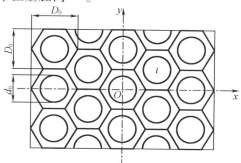

图 2-29　木材规则细胞横断面图

根据木材细胞结构的特点,通过三维仿真算法构成原则,以及图形学中的几何变换、投影变换和隐线处理等技术,将微米木纤维的图像按照细胞组织的排布方式进行三维坐标的变换,在计算机上可以实现对木材细胞的三维空间形态模拟,得到细胞结构立体仿真图,如图 2-30 所示[70]。木材细胞的长度远远大于细胞的截面尺寸,对细胞外廓结构进行统计分析建立简化的数学模型后,我们假设木材细胞的应力分析满足平面应变状态,可以在平面状态下讨论木材细胞的应力特点。

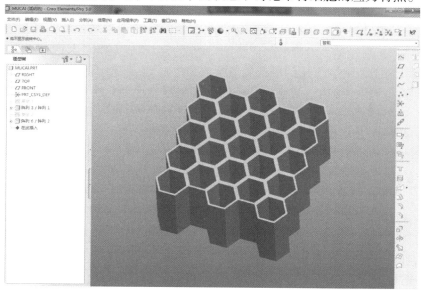

图 2-30　细胞结构立体仿真图

图2-30所示的木材规则细胞在受到较大切削力的作用下会发生破碎,如果加工到微纳米级别,在破碎过程中每个细胞几乎都要破壁,研究细胞破壁是木材粉碎的基础。在进行超细木粉加工时,首先要对加工原料进行干燥,木材纤维在低含水率的条件下较脆,有利于超细木粉的加工。图2-31是细胞粉碎的实际照片。

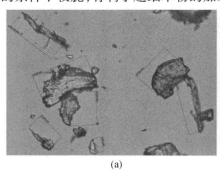 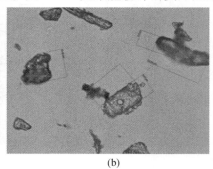

(a)   (b)

图2-31　细胞加工到破壁状态的照片

(a)不含纹孔的颗粒;(b)含纹孔的颗粒

木材是天然高分子复合工程材料,它具有各向异性和非均质性,其相关的组织结构与它的力学性质之间的关系非常复杂,传统的研究方法难以得到木材真实的力学性能。本书采用均质化和有限元方法建立木材细胞的结构模型。木纤维在径向截面上的尺寸无法与其在轴向方向上的尺寸相比,可以不考虑管胞的长度,于是本书只需分析在横截面内管胞的形状分布情况。应用显微镜对木材细胞结构进行观测,可以得到针叶材管胞的横截面形状较为规则,且管胞间的胞间层特点使其结构具有复合材料的性质。如果将一针叶材管胞横截面简化为二维六边形结构,将其与真实的针叶材管胞结构相比要简化很多,但此结构是针叶材管胞较为典型的一种简单结构,如果对其进行受力的定量化处理和数学描述也是相当困难的,为此对管胞细观结构的简化是非常必要的,常用的方法是对其结构进行均匀性和周期性分布的假设[71]。对图2-29所示的针叶材管胞进行周期性和均匀性的假设排列,并任意提取其最小的单元管胞作为代表体元。木材细胞的强度主要集中在细胞壁上,纤维素是构成细胞壁的主要成分之一,约占细胞壁物质总量的50%左右。它使木材具有很高的抗拉强度。细胞内部的浸提物质强度远远低于细胞壁的强度,在进行细胞的受力分析时可以将其简化,因此在建立木材细胞力学模型时,将其设为桁架结构。用12根线弹性杆构成木材细胞的二维六边形模型,该模型使用6根等刚度杆理想地刚接成正六边形模拟细胞壁,用另外6根等刚度虚杆铰接成星形模拟细胞的内压。作为力学模型,本书分析理想状态,对于三边形、四边形、五边形等,只要令某六边形中的某一个边长为零,就可以得到。对于非正六棱形,只要改变各个杆长就可以得到。将单细胞结构建立为如图 2 - 32 所示的 12 根杆线弹性单细胞模型。

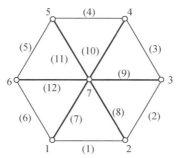

图 2 - 32　12 根杆线弹性单细胞模型

在分析木材细胞受力时采用桁架结构,这是因为针叶材细胞壁中的微纤丝赋予木材抗拉强度,起着骨架作用,渗透在骨架物质中的半纤维素增加细胞壁的刚性,而渗透在骨架物质中的木质素增加细胞壁的坚硬性。由此可以看出细胞壁抗弯强度较小,但能承受较大的拉力和一定的压力,因此可由桁架结构来模拟细胞壁。由于针叶材管胞的横截面可近似模拟为蜂窝结构,可将细胞横截面的二维力学模型用六根细长二力杆组成封闭正六边形来模拟。构成细胞壁的六根杆只承受拉力和压力,两杆间相连处构成结点。细胞所受的力都可以作用于结点上。细胞腔内的液体压力可以保证细胞壁在破坏前受压时不有会失稳的作用,在细胞模型内增加了六根虚杆,六根虚杆中间铰接。对该模型用有限元方法进行算,分析细胞壁在受外加压缩载荷时变形直至断裂时外力的大小,因此用桁架结构来模拟细胞结构是比较适合的。

现计算单一细胞的受力,假设图 2 - 29 受从上到下的单向压缩力,从中任取一细胞单元 i,则单元 i 的受力可用图 2 - 33 分步所表示。图中(1)表示在二维组织模型中细胞单元 i 所受细胞之间的力和竖直向下的压缩力,在桁架结构中用结点载荷和结点力矩来替代;图中(2)表示在二维组织模型中细胞单元受压时的支承力,在桁架结构中用结点 4,5 沿杆件方向的轴力来表示;将它与图 2 - 33(1)中结点 4、5 上的压缩力和细胞间力的合力的一部分进行平衡,得到图 2 - 33(3);图中(4)表示在二维组织模型中细胞单元所受的压缩力,在桁架结构中用结点 4、5 上的力 F 表示,将(4)与(3)相叠加才能表示图 1 单一细胞单元的受力。图 2 - 33(3)(4)已经变成有限元计算机分析的标准受力结构,可以在计算机有限元的软件下,方便地求出计算结果。

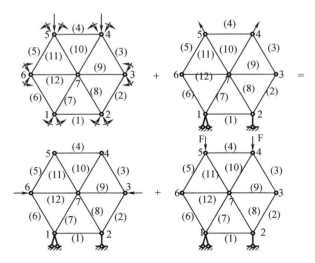

图 2 - 33　单一细胞受力模型图解

2. 细胞壁的破壁计算

在进行图 2 - 33 所示结构受力计算时,以杆单元(4)为例。采用有限元法对单位压应力进行微观力学计算,而有限元法的核心问题是推导单元刚度矩阵,在这里采用位移法进行推导。对给定的结点,为保持其受力平衡,所有杆件上的力依据公式(2 - 70)都可计算。

$$[\,\bar{k}\,]^e\{\,\bar{\Delta}\,\}^e = \{\,\bar{F}\,\}^e \tag{2 - 70}$$

式中 $[\,\bar{k}\,]^e$ 为局部坐标桁架单元刚度矩阵;$\{\,\bar{\Delta}\,\}^e$ 为局部坐标桁架单元杆端位移;$\{\,\bar{F}\,\}^e$ 为局部坐标桁架单元杆端力。在计算结构的单元刚度矩阵时,需将每个单元的刚度矩阵 $[\,\bar{k}\,]^e$ 均加在总的或"整体"刚度矩阵 K_{ij} 的适当位置。对于兴安落叶松,其结构的刚度矩阵为

$$[K]_1 = \frac{AE_1}{4L}\begin{bmatrix}
3 & -\sqrt{3} & -4 & & & & & & & & & & 1 & \sqrt{3} \\
-\sqrt{3} & 3 & 0 & & & & & & & & & & \sqrt{3} & -3 \\
-4 & 0 & 5 & 4+\sqrt{3} & -1 & -\sqrt{3} & & & & & & & & \\
 & & \sqrt{3} & 3 & -\sqrt{3} & -3 & & & & & & & & \\
 & & -1 & -\sqrt{3} & -2 & 0 & 1 & \sqrt{3} & & & & & & \\
 & & -\sqrt{3} & -3 & 0 & 6 & \sqrt{3} & -3 & & & & & & \\
 & & & & 1 & \sqrt{3} & 3 & -\sqrt{3} & -4 & & & & & \\
 & & & & \sqrt{3} & -3 & -\sqrt{3} & 3 & 0 & & & & & \\
 & & & & & & -4 & 0 & 5 & \sqrt{3} & -1 & -\sqrt{3} & & \\
 & & & & & & & & \sqrt{3} & 3 & -\sqrt{3} & -3 & \\
 & & & & & & & & -1 & -\sqrt{3} & -2 & 0 & \\
 & & & & & & & & -\sqrt{3} & -3 & 0 & 6 & \\
1 & \sqrt{3} & & & & & & & & & & & & \\
\sqrt{3} & 3 & & & & & & & & & & & &
\end{bmatrix}$$

$$[K]_2 = \frac{AE_2}{4L}\begin{bmatrix}
1 & \sqrt{3} & & & & & & & & & & & -1 & -\sqrt{3} \\
\sqrt{3} & 3 & & & & & & & & & & & -\sqrt{3} & -3 \\
 & & 1 & -\sqrt{3} & & & & & & & & & -1 & \sqrt{3} \\
 & & -\sqrt{3} & 3 & & & & & & & & & \sqrt{3} & -3 \\
 & & & & 4 & 0 & & & & & & & -4 & 0 \\
 & & & & 0 & 0 & & & & & & & 0 & 0 \\
 & & & & & & 1 & \sqrt{3} & & & & & -1 & -\sqrt{3} \\
 & & & & & & \sqrt{3} & 3 & & & & & -\sqrt{3} & -3 \\
 & & & & & & & & 1 & -\sqrt{3} & & & -1 & \sqrt{3} \\
 & & & & & & & & -\sqrt{3} & 3 & & & \sqrt{3} & -3 \\
 & & & & & & & & & & 4 & 0 & -4 & 0 \\
 & & & & & & & & & & 0 & 0 & 0 & 0 \\
-1 & -\sqrt{3} & -1 & \sqrt{3} & -1 & 0 & -1 & -\sqrt{3} & -1 & \sqrt{3} & -4 & 0 & 12 & 0 \\
-\sqrt{3} & -3 & \sqrt{3} & -3 & 0 & 0 & -\sqrt{3} & -3 & \sqrt{3} & -3 & 0 & 0 & 0 & 12
\end{bmatrix}$$

其中$[K]_1$代表兴安落叶松细胞壁的刚度矩阵;$[K]_2$代表兴安落叶松细胞内压的刚度矩阵,采用公式$\{F\}=[k]\{\Delta\}$进行位移值计算。当所受力为 1 kN 时,应用软件模拟加载可得到细胞二维组织模型的轴力图和变形图,如图 2-34 所示。刀具进行切削时,刀刃圆半径接近或大于一对细胞壁平均厚度的切削条件下,刃口前的纤维在一开始切削时不是被刃口切开,而是被刃口压弯,纤维弯曲后在刃口前方包括切削平面以下的纤维都产生拉应力,而拉应力在曲率半径最小的刃口附近最大,木材抗拉极限强度远小于拉应时,纤维在刀具的刃口前被拉断,刃口此时起到了切断纤维的作用[72]。当切削力逐渐增加时,模型中的杆单元受力情况是模拟细胞内压的6根杆单元受力最大,左右两边模拟细胞壁的4根杆单元受力次之,上下两边模拟细胞壁的2根杆单元受力最小。这一受力过程恰好与木材细胞在切削力作用下先挤压变形后破坏的过程一致。图2-35所示为超细木粉加工过程中取出的样品图,图中可以看到变形的细胞壁和断裂的细胞壁,这与加工时细胞受外力作用时先变形后破坏的过程相符。

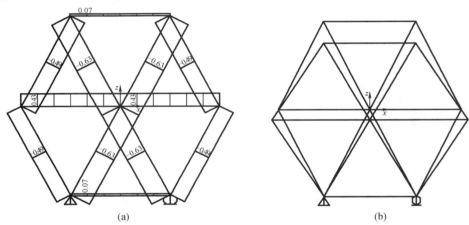

(a) (b)

图2-34　细胞组织二维模型轴力图与变形图

(a)轴力图;(b)变形图

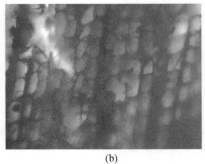

(a) (b)

图2-35　变形与断裂的细胞壁

(a)变形;(b)断裂

从细胞二维组织模型的轴力图中可以看到,不同部位杆单元所承受的轴力不同,在计算时我们以承受轴力最小的上下杆单元的轴力为计算依据。以兴安落叶松为例,其管胞横切面长度与早材和晚材相关,在这里取晚材的平均值31 μm[73],当细胞模型4、5节点的压力值为1 kN时杆的最小轴力是0.07 kN,可计算出杆的拉应力为72.84 MPa。木材细胞壁的组织结构,是以纤维素作为"骨架"的,在细胞壁中纤维素分子聚成束以有序的微纤丝状态排列。有人将纤维素线型长链分子比喻成一根又细又长的钢丝[74];半纤维素以无定形态渗透到骨架材料中,起基本作用;木质素在细胞壁分化的最后阶段才形成,渗透到骨架材料中,细胞壁变得坚硬。于是依据木材细胞壁的三种主要构成成分的作用,人们将木材细胞壁结构形象地比喻为钢筋混凝土建筑[75]。用细胞模型图计算的结果恰好反映了细胞壁的这一特性。在计算细胞模型杆单元的拉应力时,管胞壁的厚薄影响着木材物理力学性质,细胞胞壁越厚,细胞腔越小,木材的密度就越大,则强度就越高。因此,利用结构力学模拟胞壁薄的细胞和胞壁厚的细胞的抗拉强度。算出相应杆单元的轴力临界值为5.14~9.34 kN。由此可知,施加于模型的切削力只要大于9.34 kN便可使细胞模型的杆单元发生断裂。

3. 与传统切削理论计算的比较

影响木材切削力的因素很多,而且各因素之间相互还有联系,因此要精确计算木材微观力学模型的切削力是十分困难的问题,实验就更难。本书是初步探讨,先按照传统理论分析。

超细木粉的切削属于微纳米切削,其受力分析属于微观力学分析的范畴,这个结果的实验验证在现阶段几乎是不可能的,但它应该与传统的经过实验验证的计算结果近似。参照切削力的经验公式:

$$K_\mu = \frac{F'_x \mu}{e_\mu} = 9.087 \left[10xH + \frac{(1-x)H}{e_\mu} \right] (\text{MPa}) \quad x = \frac{H - f'_1}{H} \qquad (2-71)$$

式中 K_μ 为单位切削力;F'_x 为单位切削宽度上的主切削力;μ 为切刀与材料之间的摩擦系数;e_μ 为木粉当量直径;H 为主切削力与木粉之间的关系函数;f'_1 为平行于切削方向在单位切削宽度上的切削力。在进行原料切削时会有切削速度、切削方向、切削角、原料的干湿度、树种,以及切削方向相对于纤维方向的不同对单位切削力的影响,将式(2-71)修正为

$$K_\mu = 9.807 \left[10xa_h H + a_q(A\delta + Bv - C) + \frac{(1-x)a_h H}{e_\mu} \right] \qquad (2-72)$$

式中系数 A、B、C、H 的值取决于树种、相对于纤维方向的切削方向,切削时的端向切削、纵向切削和横向切削对其也有影响;a_q、a_h、x 是切削刃锐钝程度对单位切削力影响的修正系数[76]。

当以兴安落叶松锯屑为实验原料进行超细木粉加工时,加工超细木粉的试验机器由课题组人员开发设计,取加工刀盘的直径 $D = 280$ mm;刀具主轴转速$n = 7\,000$ r/min;切削角 $\delta = 5°$;查表得 $x = 0.926$;$a_h = 1.0$;$H = 0.42$;$a_q = 1.0$;$A = 0.074$;$e_\mu = 0.07$ mm;切削速度 $v = \dfrac{\pi D n}{60\,000} = 102.6$ m/s。可计算得单位切削力 $K_\mu = 16.83$ MPa,主方向的切削力 $F = 13.33$ kN,该值比 9.34 kN 大很多。在木材切削理论中,传统计算方法往往精度低,偏于安全,因此计算数值大于有限元分析是正常的。如果本书的计算模型考虑了各向异性,两种计算方法的差距会更大。按本书计算,兴安落叶松主方向的切削力 $F = 9.34$ kN 时细胞模型桁架杆断裂,达到细胞破壁的目的。

本书只是分析了一种最常见的木材细胞结构模型的细胞破壁情形。木材横断面的细胞模型与其树种、树龄、早材与晚材、各个季节的木材生长特性等都密切相关,其结构模型也各不相同,还有矩形、三角形、曲边六棱形等。但在本书的基本思路下,可以完成各种形状细胞的细胞破壁分析。

在后续的工作中还可以对其他结构的模型进行分析计算,进一步提高计算精度,也还可将其化为薄壁杆进行分析,这样就会使细胞破壁的计算更有参考价值。经过与传统计算方法的比较,可以证明本书的计算结果是具有一定的精度和可信度的。

2.4　两种计算方法的比较分析

应用断裂力学方法计算木材细胞破壁力,研究对象是细胞壁,应用的是 Mark 提出的"细胞壁力学"的概念。在计算过程中假设细胞壁为匀质材料,并将其上排列的纹孔作为胞壁上的微小裂纹来进行处理。兴安落叶松的纹孔是具缘纹孔,形状较为规则,可以将其看作近似的圆形。锯屑颗粒在加工过程中使颗粒粒径逐渐减小,颗粒断裂的过程受到颗粒内原有微裂纹的影响。其断裂过程实际上就是原有的微裂纹萌生、扩展、贯通,直至裂纹产生使木材细胞壁破坏的过程,因此当逐渐增大的外力作用于细胞壁时,类圆形的纹孔附近会出应力集中,使裂纹呈两种可能持续扩展的状态直至断裂,一种是裂纹穿过纹孔的裂纹扩展直至断裂,另一种则是裂纹绕过纹孔并在纹孔附近产生二次裂纹直至断裂,图 2-36 所示为纹孔附近细胞壁断裂的形态照片。在计算细胞破壁力时利用 J 积分计算出的细胞破壁断裂韧性 K_{IC} 为 3.347 3 $[\sigma_L]$。

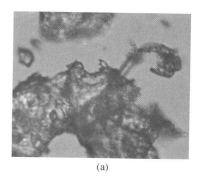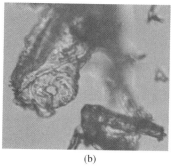

(a)   (b)

图 2 - 36　细胞破壁的两种形式

(a)穿过纹孔;(b)绕过纹孔

应用有结构力学方法计算木材细胞破壁力,研究对象是细胞,应用的是"木材细胞力学"概念。依据结构力学和有限元的相关理论,建立 12 根杆的六边形桁架结构模型来模拟细胞结构,外部 6 根杆模拟细胞壁,内部 6 根杆模拟细胞内部压力。依据图 2 - 29 建立了单一细胞受力模型图并对其进行受力时的分析计算,得出当作用在节点上的力为单位力时,杆单元的最小拉应力大于木材顺纹宏观抗拉强度。依据细胞壁的结构特点将杆单元的拉应力与传统计算切削应力相比较,并以顺纹抗拉强度作为检验细胞断裂的准则,以落叶松为例计算出细胞破壁的最小值 $F = 9.34$ kN。

在应用结构力学方法进行计算得出的结果中,细胞的破壁力是 F,而 F 是作用于细胞的力,将其转换为作用于细胞壁的应力 σ,其关系式为

$$\sigma = \frac{F}{A}$$

式中 A 为细胞壁面积。

A 的计算可依据图 2 - 16 所示的细胞结构进行计算,$A = \dfrac{d_2}{2\cos\theta}t$,$\theta$ 在 $0° \sim 30°$ 范围内变化,细胞结构模型则在四边形与多边形之间变换,30°时为正六边形。计算结果如表 2 - 3 所示。F 是作用于细胞的力,K_{IC} 是作用于细胞壁的应力,二者单位不一致,无法进行比较。依据 F 与 σ 间的关系将作用于细胞的力 F 转换为作用于细胞壁的应力 σ,则可以与 K_{IC} 进行比较。兴安落叶松的顺纹抗压强度值为 $51.68 \sim 56.48$ MPa,可计算出断裂韧性 K_{IC} 为 $172.99 \sim 189.06$ MPa。表 2 - 3 中数值与其比较,σ_{min}、σ_{cf} 的大小与 K_{IC} 的大小两者之间不完全吻合,这是由于使用断裂力学和结构力学这两种计算方法的研究模型不同造成的,但加工过程中施加的切削应力却显著高于断裂韧性与杆单元断裂应力,从而实现了木材细胞的破壁,从

63

而保证了超细木粉加工的实现。

表 2 - 3　不同切削力作用于细胞壁的应力强度

细胞几何参数	Gibson(1988)计算结果			兴安落叶松(2008)		
	早材	σ_{min}	σ_{cf}	早材	σ_{min}	σ_{cf}
$t/\mu m$	3.2			2.8		
$\theta(°)$				0°~30°		
$d_2/\mu m$	27	187.25~216.20	267.24~308.56	40	139.40~166.79	206.12~238.04

2.5　本　章　小　结

通过对锯屑颗粒的断裂分析得出,锯屑颗粒断裂原因主要是兴安落叶松在一个生长轮内早材到晚材的过渡属于急变型,早材与晚材过渡明显,早材层和晚材层细胞结构不同,晚材层细胞壁较早材层细胞壁质地坚硬,在生长行为过程中会形成生长裂纹;锯屑颗粒在原来的加工中由于外力的作用已具有内部裂纹,这两种裂纹都会使锯屑颗粒再次受力时发生裂纹扩展,直至颗粒断裂。当锯屑颗粒粒径达到400目以上时,必须进行木材细胞的破壁才能制备出超细木粉。用断裂力学和结构力学两种方法通过有限元相关软件分析计算出木材细胞破壁力大小,并通过设计的超细木粉机进行了试验验证。结果表明所设计的超细木粉机可以制备出满足设计要求的木粉粒度。

第3章 超细木粉的粉碎原理及力场分析

粉体作为固体物料的特殊形式广泛存在于自然界、工业生产和人们的日常生活中。粉体用显微镜观测时都是由无数个细小的颗粒组成的。它有时具有固体的性质,在某些情况下又具有液体或气体的性质,有时又表现出一些奇异的特性。粉体可以分为单分散粉体和多分散粉体两种,单分散粉体的构成是由粉体的所有颗粒均由大小、形状都相同的粒子组成。在自然界中,单分散粉体尤其是超微单分散体极为罕见,目前只有用化学人工合成的方法可以制造出近似的单分散粉体。本书研究的超细木粉属于多分散粉体,即大多数粉体都是由参差不齐的各种不同大小的颗粒所组成,且形状也各异。

将木屑进行超细粉碎加工处理后,可以进一步加工利用,木粉产品颗粒的大小及其形貌对木粉的后期运用有重要影响,因此粉碎技术是形成新的多功能材料和生物质进行转化利用的关键和决定性因素[77]。生物质粉碎过程较为复杂,其粉碎效果与原料性质、含水量和粉碎设备等密切相关,且粉碎机理包括剪切、碰撞、挤压等多种作用。

超细木粉的加工属于纤维类材料的超细化加工,它是超细粉体制备技术的难点之一,因为纤维类材料具有韧性,因此靠简单的冲击(撞击)、挤压、研磨作用很难使其超细化。对于这类材料需要施加强剪切力才能使其细化,单靠剪切力作用很难使纤维类材料达到微米级尺寸,必须采用剪切与研磨相结合的复合力场才有可能使其达到微米级尺寸或亚微米级尺寸。为此超细木粉加工设备的主要任务是使设备在工作过程中既产生强剪切力又产生强研磨力,才能达到设计要求。

3.1 超细木粉加工设备结构构成

超细木粉加工设备从进料到出料,即从加工原料到制备出超细木粉,要经过加工锯屑的磨削箱和超细木粉成品的木粉收集箱,在木粉收集箱的不同出料口收集不同目数的木粉。超细木粉制备系统结构设计原理图,如图3-1所示。图3-2为超细木粉制备系统立体模拟图。

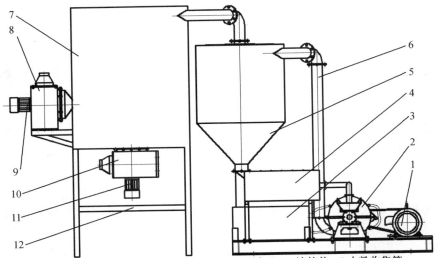

1.电机；2.磨削箱；3.水箱；4.木粉冷却箱；5.螺旋分离器；6.连接件；7.木粉收集箱；8.一号除尘器；9.一号离心风机；10.二号除尘器；11.二号离心风机；12.支架。

图 3 - 1　超细木粉制备系统结构设计原理图

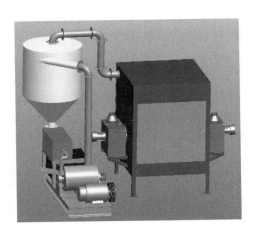

图 3 - 2　超细木粉制备系统立体模拟图

超细木粉制备的工作顺序首先是除去杂质后的锯末,从图 3 - 1 所示的原理图中磨削箱 2 的送料口添加原料,电机 1 通过皮带轮带动磨削箱 2 内的高速回转的刀具组与固定在磨削箱内的刀具组对物料进行剧烈的剪切、撞击、打击,并使其集中在回转的刀具组与固定刀具组之间,物料颗粒与颗粒之间产生高频率的相互强力撞击、剪切、磨削,能量通过高速旋转的转子直接传给颗粒,同时由于高速旋转气流对较细颗粒可以间接传给能量,这样颗粒总是在磨削箱内部工件上受力。当原料加工到较大目数时在高速旋转气流的作用下进入螺旋分离器5,相对较粗的颗粒就会在重力的作用下集聚到木粉冷却箱4的进料口,进入到木粉冷却箱,再由木粉冷却箱对已经升温的木粉进行冷却后重新进入到磨削箱2中进行重新加工。同时在螺旋分离器5中极细颗粒则在高速旋转气流作用下通过连接件进入到木粉收集箱7中,木粉收集箱中安装一组螺旋管,螺旋管上分布着不同目数的木粉集料管,在一号除尘器8(由一号离心风机9带动)和二号除尘器10(由二号离心风机11带动)的共同作用下,将不同目数的木粉收集到多孔纤维滤袋中。特别细的木粉会吸附在木粉收集箱7的内壁上,也有部分粉体会吸附在收集袋外部,再由木粉收集箱7内的振动板对其敲打,使木粉下落并沉积到收集箱的底部。水箱3与电机1共同工作使磨削箱2内的温度维持恒定。初次实验从木粉收集箱7内收集到的木粉粒径范围较大,从几微米至几十微米,图3-3为超细木粉的形态照片。图3-4为超细木粉的尺寸照片。

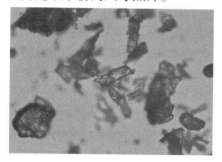

图3-3 超细木粉的形态照片

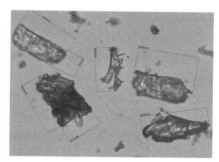

图3-4 超细木粉的尺寸照片

3.2 超细木粉粉碎原理及粉碎力场分析

本书定义超细木粉的粒度为 $9 \sim 23\ \mu m$,在加工超细木粉时,如果采取不同的加工方法,加工出的木粉形态则不相同,超细木粉的粒度与形状密切相关,需要进行综合分析。超细木粉的加工原料主要以板材加工中的废弃锯末为主,采用机械粉碎法制备超细木粉。当材料受外力作用时,外力的大小超过材料的理论强度时,材料中的原子或分子间的结合键将发生破坏,整个材料会分散为原子或分子单元。然而实际上,几乎所有材料破坏时都分裂成大小不等的块状,这说明质点间结合的牢固程度不同,即存在某些结合相对薄弱的地方,使在受力尚未达到理论强度之前,这些薄弱的地方已经达到其极限强度,材料已经发生破坏,因此材料的实际强度或实测强度往往远低于其理论强度[78]。通常实测强度是理论强度的 1/1 000 ~ 1/100。根据 Griffith 裂纹学说,固体材料内部的质点实际上并非严格地规则排列,而是存在许多微裂纹,当材料受拉时,这些微裂纹会逐渐扩展,于是在裂纹尖端区域产生高度的应力集中,当受外力作用时尖端区域的裂纹则进一步扩展,当外力达到极限时则表现出龟裂,最后发展成宏观的断裂[79]。超细木粉的制备主要是颗粒内部引起的滑移剪切断裂,采用高速旋转搅拌式磨削粉碎方法来达到设计要求。

3.2.1 粉碎原理分析

按施加外力作用方式不同,物料粉碎主要有摩擦剪切粉碎、冲击粉碎、挤压粉碎和劈裂粉碎。图 3 - 5 所示为超细木粉基本工作原理示意图。将外界施加的机械能传递给被粉碎的物料,变成物质的应力能,当这种应力能达到某一特定值时,将转变为颗粒的断裂能或化学能。物料在粉碎过程中与研磨介质间冲击碰撞,彼此之间也不断冲击碰撞,每次冲击碰撞的粉碎时间都是在瞬间完成,所以彼此间的动量交换非常迅速。

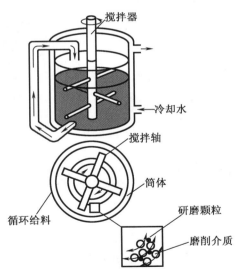

图 3 - 5　超细木粉基本工作原理示意图

1. 剪切粉碎受力分析

超细木粉机的主要加工区在磨削箱,磨削箱内有搅拌盘、锯齿形定刀和动刀,它们共同对原料进行加工。在加工过程中刀具与加工原料做相对运动,锯屑颗粒与刀具间发生剪切、挤压、弯曲和折断。刀具材料选用合金和高速钢制成的木工刀具,硬质合金材料镶嵌在锯齿上,高速钢做刀具的主体部分。锯齿形定刀和动刀对原料主要施以强剪力使锯屑颗粒粒径减小。

在第二章中应用断裂力学将细胞壁看作脆性板材的假设上应用 J 积分计算出落叶松细胞壁的断裂韧性 K_{1C} 为 172.99 ~ 189.06 MPa,应用结构力学建立 12 根杆组成的六边形桁架结构模拟针叶材的细胞结构,建立了单一细胞受力模型并对其进行了受力分析计算,得出杆单元的轴力临界值为 5.14 ~ 9.34 kN,当施加的力大于 9.34 kN 时便可使细胞模型的杆单元发生断裂,即细胞壁断裂。由于计算单位的不同,在设计木粉机的过程中选取杆单元的临界值为设计参数依据,但由于应用木材切削理论进行对锯屑的切削力计算,并且是应用传统的计算方法来计算锯屑的切削力就一定会存在偏差,所以在设计过程中选取刀具的切削力比参考数值扩大 10 倍进行计算,以保证在试验过程中加工出所符合要求的木粉。

锯屑的粉碎加工过程较为复杂,在加工过程中锯屑从变形至断裂的过程中会受到自身性质(纤维、早晚材、树种、含水率、温度)、刀具特性(材料、角度)和加工速度、给料速度等因素的影响,所以建立一个较为精确的切削力计算公式很困难。现根据以往的木料加工经验公式计算切削力大小。

单位切削力 p 是单位切屑面积上作用的切向力,用单位 N/mm^2 或 kgf/mm^2 表示,单位切削功 K 是切下单位体积切屑所消耗的功,单位为 J/cm^3 或 $kgf \cdot m/cm^3$。虽然单位切削力和单位切削功的物理概念和因次均不相同,式(3-1)为单位切削功与切削力间的关系式。

$$K = \frac{W}{O} = \frac{F_x \cdot l}{a \cdot b \cdot l} = \frac{F_x}{a \cdot b} = p \quad (J/cm^3 \text{ 或 } MPa) \tag{3-1}$$

式中 W 为切削功,J;

$$W = F_x \cdot l \tag{3-2}$$

式中　l——剪切后切屑长度,m;

　　　O——一次剪切后的切屑体积,cm^3;

$$O = a \cdot b \cdot l \tag{3-3}$$

式中　a——切屑的厚度,mm;

　　　b——切屑的宽度,mm;

　　　F_x——切向力,N。

从式(3-1)中可以看出单位切削功与单位切削力相等。如果上述两值相等,则式(3-1)中的物理量必须采用 l，单位是 m，a 单位是 mm，b 单位是 mm，F_x 单位是 N。进行原料剪切时切削力经验算式为

$$F_x = (p_t \cdot b + \alpha \cdot H) \frac{U_z \cdot H}{t} \tag{3-4}$$

式中　p_t——过渡切削时的单位切削力，N/mm^2；

　　　　b——锯路宽度，mm；

　　　　α——影响摩擦力变化强度的系数，N/mm^2，锯路壁表面平整，α 值小，按以往试验带锯锯切，$\alpha = 0.02 \times 9.81$；

　　　　H——锯路高度，mm；

　　　　U_z——每齿进料量，mm；

　　　　t——齿距，mm。

$$p_t = \frac{c_\rho \cdot f_t'}{a} + A_t \cdot \delta + B_t \cdot v - C_t \tag{3-5}$$

式中　a——切屑厚度，mm；

　　　　δ——切削角。

其中 f_t'、A_t、B_t、C_t 均为其相应的系数，可查表[80]得到其应的值，松木：$f_t' = 0.72 \times 9.81$，N/mm，$A_t = 0.056 \times 9.81$，N/mm^2，$B_t = 0.02 \times 9.81$，N/mm^2，$C_t = 2 \times 9.81$，N/mm^2。

$$v = \frac{\pi D n}{6 \times 10^4} \tag{3-6}$$

式中　D——刀具圆盘直径，mm；

　　　　n——刀具(或工件)或锯轮的转速，r/min；

　　　　v——切削速度，m/s；

$$c_\rho = 1 + \frac{0.2 \cdot \Delta\rho}{\rho_0} \tag{3-7}$$

式中　ρ_0——刃口初始圆半径，一般取 10 μm；

　　　　$\Delta\rho$——刃口圆半径增量，$\Delta\rho = \gamma_\Delta \cdot L$，$\gamma_\Delta$ 为刃口圆半径增量系数，$\mu m/m$，松木：0.001；

　　　　L——锯屑长度，mm。

$$L = \frac{H \cdot n \cdot T}{(1 + \frac{l}{\pi \cdot D}) \cdot 1\,000} \tag{3-8}$$

式中　n——锯轮的转速，r/min；

　　　　T——切削净时间，min，切削净时间 = 工作时间×时间利用系数；

　　　　l——上、下锯轮轴线间距离,mm;

　　　　D——锯轮直径,mm。

　　超细木粉机的设计中取锯条所在的圆盘直径 $D = 280$ mm,切削轴转速 $n_{max} = 4\ 000$ r/min,锯条长度 $L_{max} = 200$ mm,锯条有效长度 $H = 180$ mm,锯条厚度 $s = 3$ mm,$b = 1.71$ mm,$\delta = 5°$,$\alpha = 20°$,$h = 2.5$ mm,加工落叶松锯屑可计算刃口圆半径增量

$$\Delta\rho = 0.001 \times \frac{H \cdot n \cdot T}{\left(1 + \dfrac{L}{\pi D}\right) \times 1\ 000} = 0.001 \times \frac{180 \times 4\ 000 \times 4 \times 60 \times 0.5}{\left(1 + \dfrac{200}{3.14 \times 280}\right) \times 1\ 000} = 70.41\ \mu m$$

$$c_\rho = 1 + \frac{0.2 \cdot \Delta\rho}{\rho_0} = 1 + \frac{0.2 \times 70.41}{10} = 2.41$$

$$p_t = \frac{c_\rho \cdot f_t'}{a} + A_t \cdot \delta + B_t \cdot v - C_t = 461.78\ N/mm^2\ (MPa)$$

$$F_x = (p_t \cdot b + \alpha \cdot H)\frac{U_z \cdot H}{t} = 118.41\ kN$$

　　将 p_t 与细胞壁断裂韧性设计参考值取为189.06 MPa,F_x 与杆单元断裂临界设计参考值93.4 kN 相比稍有偏大,但在此加工条件下可以较高的切削速度对锯屑进行剪切,使其来不及按纤维方向劈裂就在定刀与动刀间的相互作用下被切断,实现对锯屑的强剪切作用。同时也可以保证颗粒的表面温度不会超过木材的焦化温度(最低温度为280 ℃)[81],但高速切削对试验设备也提出了较高的要求。

　　2. 冲击粉碎受力分析

　　在进行超细木粉加工时首先将加工原料放入磨削箱内,原料首先主要以冲击式粉碎和剪切式粉碎为主,原料在装有固定的刀具和可动刀具加工区域内进行猛烈的撞击、剪切、摩擦,物料的颗粒与颗粒间产生高频率的相互强力的撞击、剪切,能量通过旋转的刀具和叶片直接传给颗粒。设两个质量分别为 m_1、m_2 的颗粒,碰撞前、后的速度分别为 v_1、u_1 和 v_2、u_2,根据力学原理:

$$m_2 v_2 - m_1 v_1 = \int_0^t p dt \qquad (3-9)$$

$$m_2 u_2 - m_2 u_1 = -\int_0^t p dt \qquad (3-10)$$

式中 p 为冲击力。

　　由以上两式可得

$$m_1(v_2 - v_1) = m_2(u_1 - u_2) \qquad (3-11)$$

　　发生碰撞时,颗粒因受到压缩作用会发生变形,当原料为20目左右的锯屑且干燥后进行加工时,可以将其看作为脆性板层材料,碰撞后脆性材料颗粒的总能量

将减小,这部分减小的能量将克服颗粒间的结合能,使物料发生破碎。颗粒的碰撞速度越快,时间越短,则单位时间内提供的粉碎能量就越大,也越就容易进一步将颗粒粉碎。

现假设两个颗粒碰撞后具有相同的速度 v,即

$$v = \frac{m_2 u_1 + m_1 v_1}{m_1 + m_2} \qquad (3-12)$$

两颗粒的动能为

$$E_u = \frac{1}{2}(m_1 + m_2)v^2 \qquad (3-13)$$

两颗粒碰撞前的动能为

$$E_0 = \frac{1}{2}m_1 v_1^2 + \frac{1}{2}m_2 u_1^2 \qquad (3-14)$$

由能量守恒定律可知,能量损失即为颗粒用于粉碎的能量:

$$\Delta E = E_0 - E_u \qquad (3-15)$$

若是颗粒间碰撞,设两颗粒的质量相等,则

$$\Delta E = \frac{1}{4}m(v_1 - u_1)^2 \qquad (3-16)$$

若颗粒与机械的旋转机构相碰撞,设机械结构的质量为 m_2,相对于颗粒的质量可被视为无限大($m_1 \ll m_2 = \infty$),则

$$\Delta E = \frac{1}{2}m_1(v_1 - v_2)^2$$

可见必须有 ΔE 大于物料粉碎所需要的能量才可能使其粉碎,即

$$\Delta E \geqslant \frac{m}{\rho_p} \cdot \frac{\sigma^2}{2E} \qquad (3-17)$$

式中 σ——颗粒的破碎强度;

　　　E——杨氏模量。

则可得

$$v \geqslant \frac{\sigma}{\sqrt{\rho_p E}} \qquad (3-18)$$

式(3-18)中未将冲击速度与颗粒尺寸之间的关系体现出来。实际上当颗粒尺寸逐渐减小时,其颗粒内部的缺陷也随之减小,因此冲击粉碎速度也应随之不断增加。依据刘宏英等[82]的实验结果在其基础上得到撞击速度 U 与颗粒料径 X 的关系:

$$U = \left[1.79(6)^{\frac{5}{3m}}\rho^{-1}\pi^{\frac{2m-5}{3m}}\left(\frac{1-\nu}{Y}\right)^{\frac{2}{3}}(S_0 V_0^{\frac{1}{m}})^{\frac{5}{3}}\right]^{\frac{1}{2}} \cdot X^{\frac{-5}{2m}} \qquad (3-19)$$

式中　ρ——颗粒密度；

　　　ν——泊松比；

　　　Y——杨氏弹性模量；

　　　V_0——单位体积；

　　　S_0——单位体积颗粒的抗压强度；

　　　X——颗粒粒径。

如果将式(3-19)中的参数取与文献[40]中参考量一致,则可得到将颗粒粉碎在刀具处的最小相对线速度为 1.21 m/s,颗粒粉碎大约需要 6.6×10^{-3} J 的能量,将此作为刀具设计的参考依据。

随着颗粒尺寸的减小,在旋转气流的作用下细小的颗粒进入磨削箱的边缘,这一区域以搅拌研磨加工为主,随着搅拌器的转动不断将动能传递给研磨介质,在此过程中使研磨介质间接获得充分的能量,以使被研磨的粗颗粒更易达到设计要求的粉碎粒度。颗粒进入这一加工区域后,颗粒相对较为均匀,粉体颗粒中含有裂纹的尺寸小、数量也较少、薄弱环节的概率也小,这一加工区域的颗粒相对强度高,不易粉碎,明显体现出颗粒尺寸效应。

3.2.2　粉碎力场分析

1. 搅拌研磨装置的动能与颗粒吸收能的表达式

超细木粉的加工试验装置是循环式搅拌磨削装置。以硬质合金刚球作为磨削介质,相邻两球间应力变化范围取决于有效区大小和磨球移动的区域。搅拌研磨装置的动能 E_{VB} 可以表示为

$$E_{VB} = \xi\left(\frac{2D}{D_R}\right)\mu^2\rho_B \quad (\text{J/m}^3) \quad (3-20)$$

式中　D——是磨机有效内径,m；

　　　D_R——搅拌器叶片直径,m；

　　　ξ——系数,$\xi = 0.01\dfrac{D_R}{D}$；

　　　μ——周向速度,m/s；

　　　ρ_B——磨球的密度,kg/m^3。

从单位体积磨球动能 E_{VB} 可导出有效区域颗粒吸收能 E_M：

$$E_M = \frac{E_{VB} V_B}{V_A[\rho_M(1-\varepsilon_M)]} \quad (\text{J/kg}) \quad (3-21)$$

式中　V_B——磨球体积,m^3；

V_A——有效区体积，m^3；

ρ_M——颗粒密度，kg/m^3；

ε_M——颗粒床中颗粒层空隙率。

从式(3-20)和式(3-21)中可以说明利用较小磨球来增加有效区域，能提高粉碎效果。磨球与磨球间的有效研磨区的增大也可通过依靠筒内磨球的填充率来实现。但增大磨球的填充率一般会出现两个问题，一是随着填充率的提高，粉碎能的有效利用率问题。研磨介质的增加，使加工过程中处于抛落状态的研磨介质比例增多，粉碎方式则变为研磨介质对物料的冲击粉碎，在加工过程中研磨作用减少，实际加工中的研磨有效区也随之减小，这对于颗粒的超细化是不利的，同时机器输入的能量大部分都作用于研磨介质的动能及位能的提高，而这些动能与位能又因有效加工区域的相对减少而消耗掉，不能进行有效地转换而为颗粒的粉碎提供有用功[83]。二是研磨介质的填充率较高时，除了粉碎设备能量的利用率降低以外，粉碎过程中过应力出现的概率也将增大。

减小磨削介质的粒径来增大颗粒粉碎的有效区域是一种较好的办法，但也存在问题：如果加工设备规模较大，物料在处于抛落状态时，小球大都集中到加工区域的中外层，而加工中心将会出现粉碎"空白区"，部分物料得不到充分粉碎。这时如果要加工出满足要求的超细均匀木粉必须延长加工时间。

2. 研磨介质的运动

图3-6给出了磨削介质沿搅拌器轴中心位置至筒壁的切线速度分布示意图。从图中可以看出，磨削介质的线速度在搅拌器轴中心位置较低，但随着离轴中心距离的增加而增大，在搅拌棒的末端处其线速度达到最大值。在搅拌棒和筒壁间隙内，由于搅拌器难以施加于磨削介质所需的动能，磨削介质的线速度急剧降低。在贴近筒壁处，磨削介质较低的线速度有利于降低磨削介质与筒壁间的相互磨损。在搅拌器的搅动下，磨削介质与被研磨物料作多维循环运动和自转运动，从而在磨机内上下、左右不断地相互置换位置而产生激烈的碰撞、剪切运动。由磨削介质重力和高速螺旋回转所产生的挤压力对研磨颗粒进行摩擦、冲击、剪切作用而粉碎。由于其综合了动量和冲量的作用，因此能有效进行超细研磨，可以达到设计要求，并且其能量绝大部分直接应用于搅动磨削介质，而非虚耗于转动和振动筒体，这就使生产同样细度产品所需的能耗比常规的球磨机和振动磨机要低[84]。

磨削粉碎是剪切摩擦粉碎的一种加工形式，包括物料与物料之间的摩擦而使颗粒粒径逐渐减小的粉碎，与研磨介质对物料的撞击和摩擦双重作用的粉碎。由研磨介质对物料颗粒表面不断磨蚀达到粉碎，相对被粉碎的物料研磨介质应有较高的硬度和耐磨性。以往金属超细加工粉碎证明，研磨介质的密度影响较少，最重要的是介质的硬度,通常选取介质的莫氏硬度比物料大3倍以上。

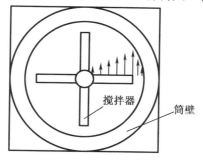

图3-6 磨削介质沿搅拌器轴中心位置至筒壁的
切线速度分布示意图

　　研磨介质的填充率是指介质的表观体积与加工容器的有效容积之比。理论上介质的填充率应以其最大限度地与物料接触而又能避免自身的相互无功碰撞为好,它与物料的粒径、密度和介质的运动相联系。搅拌介质的搅拌器做不规则的三维运动,介质的填充率一般为40%~60%。超细木粉加工中的研磨介质填充率参考搅拌磨介质的填充率,并结合机器的自身特点选取20%。

　　研磨介质的尺寸确定通常依据加工颗粒的粒径尺寸确定,介质的适宜尺寸是给料粒度 D_p 的函数。依据裂纹学说(邦德定律),粉碎发生之前外力对颗粒所作的变形力聚集在颗粒内部的裂纹附近,产生应力集中,使裂纹扩展成裂缝,当裂纹发展到一定程度时,颗粒即破碎。颗粒的裂纹长度既与颗粒体积有关,也与颗粒面积有关,因此邦德公式考虑了粉体的细度,公式中的 W_i 值包括了产品细度因素,以邦德公式为计算磨削介质的尺寸依据[85]。

$$d = \left(\frac{\rho_p W_i}{\varphi \sqrt{D}} \right)^{0.5} \times 2.88 D_{P80}^{4/3} \qquad (3-22)$$

式中　ρ_p——物料密度;

　　　　W_i——Bond 粉碎功指数;

　　　　φ——磨机转速比(实际工作转速与临界转速之比);

　　　　D——磨机有效内径;

　　　　D_{P80}——入磨物料筛下为80%的筛孔孔径表示的粒度。

　　依据计算结果和以往生产实践中的研磨介质尺寸,选取超细木粉的研磨介质尺寸为 ϕ3 mm 的硬质合金钢球[86]。

3.3　磨削箱粉碎原理

对于粉碎理论的研究迄今为止已有一百多年的历史,其中许多学者提出一些极具价值的理论。但这些理论还不能直接用于实际的粉碎机械设计,可以作为参考[87]。在研究粉碎设备的给料与产品粒度分布之间的关系时,Epstein 在 1948 年就提出了粉碎过程数学模型的观点。Epstein 指出在一个可以用分布函数和概率函数加以描述的重复粉碎过程中,对于第 n 段粉碎之后的分布函数可将其近似于对数正态分布函数。

3.3.1　粉碎过程矩阵模型

以连续操作为目的的粉碎机设计,很难对粉碎装置运行过程控制。但如果将粉碎过程分解为非连续形式,分步求解装置运行过程的基本动力学模型,对于微粉碎来说,为提高粉碎效率和增加产品细度还是具有研究意义。

1. 碎裂函数

在木粉颗粒的粉碎模型中,也将木颗粒的粉碎看作依次连续发生的或间断发生的碎裂事件。每一单个碎裂事件的产品表达式都称为碎裂函数。由于加工原料性质与碎裂事件有关,也与加工设备和加工过程等因素有关,使对其加工过程用函数表示极其困难,应用试验来确定加工过程颗粒碎裂程度的函数也是很困难的,但不同的加工材料在一定粉碎设备加工下的粉体产品粒度,都有与其相应的粒度分布曲线。与其相应的粒度分布曲线则可以用一定形式的方程来表示[88]。

用 Rosin-Rammler 方程的修正式来表示加工原料与产品粒度间的关系。式(3-21)为 Rosin-Rammler 方程的修正式。

$$B(x,y) = \frac{1 - e^{-\frac{x}{y}}}{1 - e^{-1}} \tag{3-23}$$

式中 $B(x,y)$ 为表示加工前颗粒的粒度为 y,粉碎后小于 x 的那一部分颗粒的质量分数。式(3-23)表明粉碎后的颗粒粒径是相对于原来颗粒的分布,而与原来颗粒粒径的分布无关。

Broadbent 和 Callcott 又进一步定义 b_{ij} 这一参数取代连续累积碎裂分布函数 $B(x,y)$,即 b_{ij} 表示由第 j 粒级的物料碎裂后产生的进入第 i 粒级的质量比率。由第 1 粒级碎裂后进入第 2 粒级的粒径为 b_{21}，进入第 3 粒级的粒径为 b_{31}，以此类推，进入第 n 粒级的粒径为 b_{n1}，第 n 粒级的粒径为最小粒径，所有 b_{ij} 值之和为 1。同理可得第 2 粒级碎裂后的产品分布。因此矩阵表示的碎裂函数为[89]

$$B = \begin{bmatrix} b_{11} & 0 & 0 & \cdots & 0 \\ b_{21} & b_{22} & \ddots & & \vdots \\ \vdots & \vdots & & \ddots & \\ b_{i1} & b_{i2} & \cdots & & b_{ij} \end{bmatrix} \qquad (3-24)$$

如果将加工原料与产品的粒度分布写成 $n \times 1$ 矩阵，则粉碎过程可表示为

$$\begin{bmatrix} b_{11} & 0 & 0 & 0 & \cdots & 0 \\ b_{21} & b_{22} & 0 & 0 & \cdots & 0 \\ b_{31} & b_{32} & b_{33} & 0 & \cdots & 0 \\ b_{41} & b_{42} & b_{43} & b_{44} & \cdots & 0 \\ b_{51} & b_{52} & b_{53} & b_{54} & \cdots & 0 \\ \vdots & \vdots & \vdots & \vdots & \vdots & \vdots \\ b_{n1} & b_{n2} & b_{n3} & b_{n4} & \cdots & b_{nn} \end{bmatrix} \begin{bmatrix} f_1 \\ f_2 \\ f_3 \\ f_4 \\ f_5 \\ \vdots \\ f_n \end{bmatrix} = \begin{bmatrix} p_1 \\ p_2 \\ p_3 \\ p_4 \\ p_5 \\ \vdots \\ p_n \end{bmatrix} \qquad (3-25)$$

式中 p 和 f 分别表示产品和加工原料的粒度，将式（3-23）简写成矩阵形式为

$$p = Bf \qquad (3-26)$$

在相邻的粒度间隔之间如果存在着相同的比值（即筛比），则 p 和 f 中的对应元素属于同一粒径级别，计算将变得简化。

2. 选择函数

进入粉碎过程的各个粒径级受到的破碎断裂具有随机性，即有的颗粒受力较多、破碎程度大，有的颗粒受力较少、破碎程度小，而有的颗粒度经过有限次破碎后直接进入产品粒径级而不受碎裂。这就是所谓的"选择性"或"概率性"。

如果以 s_i 表示被选择碎裂的第 i 粒级中的一部分，那么选择函数 S 可表示为

$$S = \begin{bmatrix} s_1 & & & & 0 \\ & s_2 & & & \\ & & s_3 & & \\ & & & \ddots & \\ 0 & & & & s_n \end{bmatrix} \qquad (3-27)$$

第 i 粒级中被碎裂颗粒的质量为 $s_i f_i$，则在第 n 粒级中被碎裂颗粒的质量为 $s_n f_n$，于是粉碎过程的选择函数为

$$\begin{bmatrix} s_1 & & & & 0 \\ & s_2 & & & \\ & & s_3 & & \\ & & & \ddots & \\ 0 & & & & s_n \end{bmatrix} \begin{bmatrix} f_1 \\ f_2 \\ f_3 \\ \vdots \\ f_n \end{bmatrix} = \begin{bmatrix} s_1 f_1 \\ s_2 f_2 \\ s_3 f_3 \\ \vdots \\ s_n f_n \end{bmatrix} \qquad (3-28)$$

如果以 Sf 表示被粉碎的颗粒,则未被粉碎的颗粒的总质量可用 $(I-S)f$ 表示。其中 I 为单位阵。B 与 S 的值可从已知的加工原料粒度分布和产品粒度分布反求得到。

3. 粉碎过程的矩阵表达式

在产品的加工过程中,加工原料的部分颗粒会受力多次而粉碎,而另一部分可能未经多次受力粉碎而达到加工要求,因此受一次粉碎作用后产品质量可用式(3-27)表示为

$$p = B \cdot S \cdot f + (I - S) \cdot f \qquad (3-29)$$

而大多数粉碎设备进行破碎加工时都会出现逐次破碎事件,现假设有 n 次重复破碎,则第 1 次的 p 可作为第 2 次的 f,以此类推,于是第 n 次破碎后可得

$$p_n = (B \cdot S + I - S)^n \cdot f \qquad (3-30)$$

粉碎过程中,非连续分布模型有较为适宜的方程式来表示粒度分布,它在一定程度上适应生产实际的要求,为经验设计提供新的理论依据,但对于木粉的超细加工,以往工业的粉体加工设备的设计只能作为木粉加工设备设计的参考,所以目前在木粉的实际加工设备设计上仍用经验法进行设计。

3.3.2　磨削箱结构分析

超细木粉的加工试验装置主要是冲击粉碎、剪切粉碎和摩擦粉碎。超细木粉的加工粉碎方式将高速旋转剪切式和撞击式粉碎与搅拌研磨式粉碎结合起来。强撞击力使木粉颗粒内原有的裂纹变得更大或产生新的裂纹,甚至使其断裂。强剪切力可将木材纤维剪切,这是冲击粉碎难以取得的效果[90]。在试验机内安置高速回转搅拌器使磨削介质和物料在整个筒体内不规则的翻滚,产生不规则运动,使物料、刀具与磨削介质之间产生剪切、相互撞击和研磨的多重作用,以使物料达到超细的程度并可得到分散的效果[91]。在超细木粉的加工试验装置上综合了动量和能量的作用,它的能耗大部分直接作于磨削介质,而并非虚耗于筒体,因此能有效地进行超细加工。

磨削箱设计成卧式,通常情况下卧式搅拌研磨相对于立式搅拌研磨的粉碎效

果要好,但从拆卸、维修、装配方面来说,立式要比卧式的方便。超细木粉的搅拌式磨削箱结构如图3-7所示。磨削箱分为上、下两部分,这两部分都做成壳体,内附有冷却装置,在超细木粉加工时通入冷却液控制磨削时间。在进行超细木粉的制备时,原料从进料口6中加入,主切削轴组件4的旋转速度与带轮1相同,当旋转速度较高时锯屑主要集中在加工区域外层,下箱体5上锯齿形定刀与主切削轴组件4上相对应的锯齿形刀具对锯屑进行粉碎。高速旋转的动齿产生高频率碰撞并与锯齿产生剪切作用,使锯屑受到多次撞击和切削。高速旋转的气流会使加工在400目以上的粉体充满磨削箱,主切削轴组件4上的搅拌盘会带动磨削介质对箱内的木粉进行研磨。磨削箱内的木粉在剪切、冲击、碰撞、研磨的合力作用下进行粉碎,并对加工时间进行相应的延长就可以将锯屑粉碎到1 200目以上。

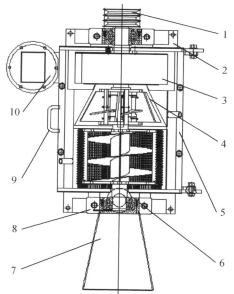

1.带轮;2.支架;3.风机叶片;4.主切削轴组件;5.下箱体;
6.进料口;7.托架;8.轴承座;9.手柄;10.出料口。

图3-7 磨削箱结构示意图

3.3.3 切削轴组件的设计方法

进行物料的粉碎是固体颗粒受到的强烈冲击而发生变形,直至物料破裂完成粉碎的过程。粉碎机械中旋转运动的部件引起颗粒间的冲击、碰撞、剪切、摩擦运动等,从而实现超细粉碎。

在粉碎过程中,假设单个颗粒的质量为 m,速度为 v,则该颗粒具有的动能为

$$E = \frac{1}{2}mv^2 \qquad\qquad (3-31)$$

动能 E 中只有一部分用于颗粒的破碎,这部分能量表示为

$$\Delta E = \frac{1}{2}mv_j^2(1-\varepsilon^2) \qquad\qquad (3-32)$$

式中 v_j——发生碰撞时,颗粒所具有的速度,m/s;

ε——冲击碰撞后颗粒速度的恢复系数,$\varepsilon < 1$。

在进行针叶材锯屑的加工时,干燥后的颗粒可以被设定成脆性板层材料,则在颗粒受冲击破坏时满足:

$$W = \sigma^2 V/2E \qquad\qquad (3-33)$$

式中 σ——物料的断裂极限,Pa;

E——物料的弹性模量,Pa;

V——物料体积,m³。

显然,为了使颗粒发生破碎,必要条件是

$$\Delta E \geqslant W \qquad\qquad (3-34)$$

而欲使颗粒发生粉碎的冲击速度为

$$v_j = \sigma\frac{1}{\sqrt{E\rho(1-\varepsilon^2)}} \qquad\qquad (3-35)$$

式中 ρ 为颗粒的密度,kg/m³。

在式(3-35)中取 $\sigma = 3 \times 10^{10}$ Pa,$\rho = 0.55 \times 10^3$ kg/m³,$E = 1.6 \times 10^{10}$ Pa,与参考文献[42]一致,$\varepsilon = 0.725$[92],则计算出颗粒发生粉碎所必须的冲击速度为 $v_j = 1.47 \times 10^4$ m/s,颗粒质量小、速度高,与刀具质量大、速度低相比,二者都满足动量平衡定理,计算结果与参考文献[42]相符。

从式(3-32)至式(3-35)可以看出,物料颗粒进行破碎所需的速度 v_j 与颗粒的弹性模量、物料的断裂极限和颗粒密度等机械性能相联系。此外,还与颗粒的表面状态和结构形态有关,因为颗粒表面或内部存在着各种各样的缺陷,如裂纹、微孔、树脂道、纤维束间的滑移等,能使应力集中或提高应力扩散速率,从而降低颗粒的断裂极限 σ。

在进行超细木粉的加工过程中,切削轴组件是整个粉碎过程的关键。切削轴组件的结构如图 3-8 所示。小皮带轮与电机转速相同,最高转速可达 4 000 r/min,离心式风机叶片 3 在转速较高时就会对磨削箱产生负压,使充满箱内的颗粒难以从箱内逃逸。切削组件 4 使颗粒主要集中在下箱体的定刀与刀具 6 的加工范围内,

使木粉在较小的加工区域内多次发生剧烈的碰撞、摩擦、剪切、挤压,使锯屑颗粒内在纹孔、纤维束的交界面等非均质面发生应力集中,在受外力作用时应力的扩散速度增加,从而提高粉碎效果,降低颗粒粒径。

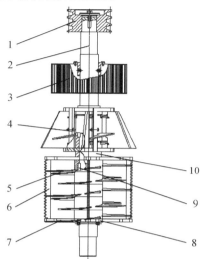

1.小皮带轮;2.主轴;3.离心式风机叶片;4.阻挡套件;5.搅拌盘;
6.刀具;7.刀架;8.轴端挡环;9.平键;10.轴套。

图3-8　切削轴组件结构示意图

3.4　本章小结

　　超细木粉机的设计以机械作用力为粉碎力场,通过剪切、冲击、搅拌、研磨、摩擦作用力的共同作用对物料进行粉碎。依据纤维类物料的性质在设计上突出剪切力和研磨力的作用,并借鉴传统加工木粉机的设计方法应用在超细木粉机的设计中,对冷却装置的设计、高速旋转轴承的选用、刀具材料的选择等应更加注意,使机器在加工过程中能够连续高速运转及加工的粉料能够达到设计要求。

第 4 章　超细木粉的分离与分级

将不同目数的粉体进行收集并将试验制备出的粉体能有效进行分离、分级,得到合乎要求的超细粉体是本章研究的主要内容,而在此过程中最大限度地降低粉碎能耗的关键就在于粉体的分离、分级。超细木粉分离器结构的设计可以满足这一要求,磨削箱内加工出的粉体在离心风机的作用下,通过分离设备将不同目数的木粉进行分离。分离器将粉体粒径达到 400 目以上的粉体通过分离、分级装置收集起来,而将低于 400 目的粉体重新返回到加工区进行再次加工。

4.1　超细木粉分离器的选用

将木粉加工后需将其分离,现代的分离设备有袋式过滤器、静电分离器(电除尘器)、湿法捕集器和旋风分离器等各种不同类型的分离设备。袋式过滤器是从气体中分离细微颗粒最常用的方法,它适合于粉体目数不高的情况,当木粉粒径高于 800 目时,袋式过滤器不能很好地满足要求。静电分离器,它的工作原理是首先让粉料颗粒带电,然后让其通过两个电极板之间的窄缝,这些粉料颗粒在静电吸引力作用下就会沉降和附着在其中一个电极板上。静电分离器的优点是可以收集 1 μm 以下颗粒,并可在高温下工作。缺点是电路元件易损坏,并且与其他相同处理气量的分离器相比,设备庞大。要想实现高效率操作,要求通过收集板的气流非常均匀。湿法捕集器,主要用于含尘气体的分离。旋风分离器所收集的粉体颗粒主要以干粉为主,制造成本低、维护方便,无活动部件,阻力降恒定。它存在的主要缺点是压降损失通常高于其他分离设备,在分离粒径小的颗粒时效率较低[93]。将以上粉体分离设备比较后,加工后的木粉颗粒粒度较小且在进入分离器前磨削箱内高速旋转的气流对木粉有扰动,充分起到了预分散的作用,可以采用旋风分离器对木粉进行粉体的分离[94]。在绪论中所阐述的国内外粉体加工设备收集处理装置也均采用旋风分离器进行粉体的分离、分级,因此在超细木粉的试验中也决定采用旋风分离进行超细木粉的分离、分级。

4.2 超细木粉旋风分离器基本工作原理

超细木粉旋风分离器属于离心分离设备,通过让含尘气体产生旋转运动将粉料颗粒甩向边壁,然后通过边壁附近向下的气流将已分离的颗粒带到排料口,图4-1为标准的逆流式旋风分离器示意图。旋风分离器由筒体和锥体组合而成,通过入口结构的设计迫使气流切向进入旋风分离器内产生旋转运动。入口为矩形截面,气流在做旋转运动的同时沿分离器的外侧空间向下运动。在分离器锥体段,迫使气流缓慢进入分离器内部区域,然后气体沿中心轴作向上运动。通常将分离器的流型划分为"双旋涡",即轴向向下运动的外旋涡和向上运动的内旋涡[95]。分离后的粉体经升气管进入粉体收集装置。粉体中的较大颗粒在分离器内离心力场作用下向边壁运动,同时由边壁附近向下运动的气体将其带到排料管重新返回加工区域进行再次加工。

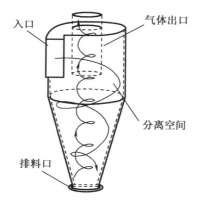

图4-1 具有切向入口的逆流式筒锥型旋风分离器示意图

4.2.1 分离器中的气体流态

当气体切向进入分离器后在分离空间产生旋流运动。在旋流的外部(外旋涡),气体向下运动,并在中心处向上运动(内旋涡)。旋风分离器的外旋涡把所分离到器壁的颗粒带到旋风分离器的底部,这主要是由于气体的向下运动,而不是靠重力的作用。在垂直放置的旋风分离器中,重力只起辅助作用。只有当旋风分离器粉料浓度较高时,重力才对粉料的排出具有明显影响,与此同时气体还存在一个由外旋涡到内旋涡的径向流动,这个径向流动在沿升气管下面的分离内径方向上的分布并不是完全均匀的。在图4-1所示的旋风分离器中,Clift 等[96]的研究结果表明,在其中心线附近轴向速度常常会存在一个滞留区域,有时甚至出现气体轴向速度是向下的。对于径向速度沿径向的分布规律至今还难以精确测定,但一般来说径向速度要比切向速度小得多。升气管下口以下的径向速度方向通常是由外向内,但沿高度方向的分布是不均匀的,而且升气管下口附近的向心径向速度最大。分离器的分离壁附近的旋流是不稳定的流动,它可以引起压力梯度,在旋风分离器内壁产生"二次流"。静态压力沿旋流的外部区域是不断增加的,从顶板一直到下部的锥体整个壁面边界层内都存在压力梯度[97]。强烈的压力梯度除可以产生二次流动外,还对器壁流动产生扰动且对器壁的翘曲变形、颗粒沉积等都产生影响,它对分离性能也会产生影响,因此在进行分离器的设计时必须考虑这些情况,防止"二次流"扰动现象的发生。

4.2.2　微元的旋转流动

木粉颗粒进入旋风分离器后,就可看作是气固两相流。旋风分离器内部可看作流场,流场中的木粉颗粒就可看作是流体微元。对于一个流体微元,离心力是由静压梯度所产生的一个力来平衡,后者的方向指旋转轴,并维持流体微元做圆周运动,如图4-2所示,因此也可以说是由这个压力产生了向心加速度,在旋转流动中的这个压力将随着与旋转轴距离的增加而增大[98]。

理想旋转流分为两种。第一种是强制涡流,假设流体的黏性无穷大,在不同径向位置的各层流体间没有剪切运动。径向位置上的所有流体微元具有相同的角速度。第二种是自由涡流,假设流体没有黏性,则流体微元的运动不会受到较小和较大半径处的相邻流体微元的影响。在这样的流体中,流体微元的动量矩是守恒的,而实际流体具有一定的黏性,在不同半径的各流层间存在动量矩的转移。由于不同半径各流体层的流体微元交换,使任何形式的湍流都将引起附加的动量矩传递[99],因此实际旋转流体介于二者之间。

在离心力场中,流体微元受力如图4-3所示。颗粒可获得比重力加速度大得多的离心加速度,同样的颗粒在离心力场中的沉降速度远大于重力场情形,即较小的颗粒也能获得较大的沉降速度。在旋风分离器内,一方面,粉体颗粒随气流作涡旋运动,颗粒切线方向的分速度为 v_t,颗粒受沿旋流半径向外的离心力 F_r 的作用;另一方面,按切线方向进入的空气从升气管排出,在做旋回运动的同时,保持向心

分速度 v_r,产生向内的作用力 F_R,颗粒与气流的相对速度为 u_r。当 $F_r > F_R$ 时,颗粒向外运动成为粗粉;当 $F_r < F_R$ 时,颗粒向内运动成为细粉;当 $F_r = F_R$ 时,颗粒的粒径称为切割粒径 x_{50}。

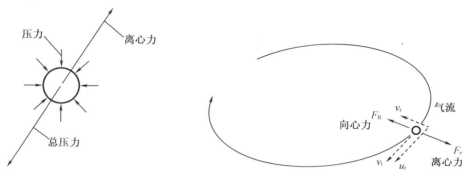

图 4 − 2　流体微元受力分析　　图 4 − 3　流体微元分离作用力分析

颗粒所受的离心力和径向阻力分别为

$$F_r = \frac{4\pi}{3}\left(\frac{d_p}{2}\right)^2(\rho_p - \rho)\frac{v_t^2}{R} \qquad (4-1)$$

$$F_R = \xi\pi\left(\frac{d_p}{2}\right)^2\frac{\rho u_r^2}{2} \qquad (4-2)$$

依据牛顿第二定律,颗粒的运动方程为

$$M\frac{du}{dt} = F_r - F_R \qquad (4-3)$$

且假设上述情况属 Stokes 区域,当 $F_r = F_R$ 时,即可得到 x_{50}。

$$x_{50} = \frac{1}{v_t}\sqrt{\frac{18\mu R u_r}{\rho_p - \rho}} \qquad (4-4)$$

式中　d_p——颗粒直径,m;

　　　x_{50}——切割粒径,m;

　　　ρ_p、ρ——颗粒和气体的密度,kg/m³;

　　　R——颗粒运动半径,m;

　　　μ——气体的黏度,$P_a \cdot s$;

　　　v_r——颗粒的径向速度,m/s;

　　　v_t——颗粒的切向速度,m/s;

　　　u_r——颗粒与气体的相对速度,m/s;

　　　ξ——阻力系数。

85

4.3 旋风分离器结构分析

切流式旋风分离器的结构示意图,如图 4-4 所示。结构的几何尺寸主要包括:①旋风分离器本体直径,D;②旋风分离器的总高,H;③升气管直径,D_x;④升气管插入深度,S;⑤入口截面的高度和宽度,分别为 a 和 b;⑥锥体段高度,H_c;⑦排料口直径,D_d。

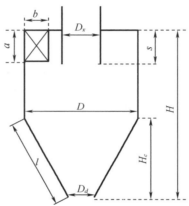

图 4-4　旋风分离器结构尺寸示意图

在进行木粉分离器的结构设计时,参照李敏[100]设计的结构紧凑且能处理大量气体的旋风分离器,结构参数如表 4-1 所示。

表 4-1　超细木粉旋风分离器的结构尺寸　　　　　　　　单位:mm

名称	D	D_x	S	H	$H-H_c$	a	b	D_d
数值	680	170	311	934	173	173	58	228

入口的结构采用横截面是矩形的通道,与旋风分离器的本体直接结合成一体,图 4-5 是旋风分离器的矩形入口气体流场示意图。矩形入口是一种切线入口,这样的结构可以迫使气流切向进入旋风分离器内产生旋转运动。由于入口流道的收缩作用使器壁上的气体切向速度高于入口速度。气体被挤向器壁,造成气体流通有效面积减少,气体速度增加。Barth 在早期的旋风分离器建模中引入 α 系数考虑

这个因素[101-102]。α 系数定义为入口气体动量矩与沿器壁气体流动动量矩之比：

$$\alpha \equiv \frac{v_{in} R_{in}}{v_{\theta w} R} \qquad (4-5)$$

式中　R_{in}——是入口中心的径向位置，对于矩形入口，$R_{in} = R - b/2$（图4-5）；

　　　　b——是矩形入口的宽度；

　　　　R——是旋风分离器筒体部分的半径。

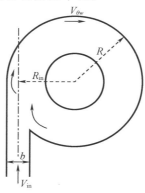

图 4-5　矩形切线入口气体速度示意图

α 系数的大小由 Barth 以图解的形式给出经验数据，Muschelknautz 给出了 α 的关系式，其最简单的形式为

$$\alpha = 1 - 0.4 \times \left(\frac{b}{R} \right)^{0.5} \qquad (4-6)$$

式（4-6）的计算结果与 Barth 的结果一致。当 R 给定时，$v_{\theta w}$ 随 b 的增加而增大。

设计旋风分离器锥体部分时，其大小直径 D 和 D_d 以及锥体高度 H_c 在给定参数的情况下，可以计算出锥体长度 l 和二维展开角 θ。

$$l = (D - D_d) \sqrt{\frac{1}{4} + \left(\frac{H_c}{D - D_d} \right)^2} \qquad (4-7)$$

将 D、D_d 和 H_c 的数值代入后可得锥体长度 l 的大小为 793.85 mm。

展开角 θ 的计算为

$$\theta = \frac{360°}{\sqrt{1 + \left(\frac{2H_c}{D - D_d} \right)^2}} \qquad (4-8)$$

按式（4-8）经计算可得锥体的二维展开角 θ 的大小为 102.51°。

4.4 旋风分离器分离性能计算

旋风分离器分离效率计算的方法主要依据两大类模型:"平衡轨道"模型和"停留时间"模型。停留时间模型的机理在本质上与平衡轨道模型的机理是不同的,但在较宽泛的旋风分离器设计和运行条件下,这两个不一样的模型计算的结果,在数值上以及变化趋势上吻合得非常好,只是停留时间模型所计算的切割粒径比平衡轨道模型计算的粒径要稍大一些。在这次设计中主要应用平衡轨道模型。图 4-6 所示为"平衡轨道"模型示意图。将升气管向下延伸到旋风分离器的底部形成一个圆柱面 CS,"平衡轨道"模型是对处于半径为 $R_x = \dfrac{D_x}{2}$ 圆柱面 CS 上的旋转颗粒建立力的平衡分析得到的,即在此圆柱面 CS 上的旋转颗粒同时受到向外的离心力与向内流动气流的阻力,两力之间形成平衡。由于离心力正比于颗粒质量,即正比于 x^3;而阻力即斯托克斯力正比于粒径 x,结果较大粒径的颗粒在离心力的作用下向旋风分离器器壁运动最后进入排料口,而较小粒径的颗粒则被带入升气管而分离,处于平衡位置的颗粒即在圆柱面 CS"平衡轨道"上的颗粒的粒径就是旋风分离器的 x_{50} 或切割粒径,它是一个代表具有 50% 概率被捕集的颗粒粒径。这个颗粒粒径是旋风分离器分离性能的一个量度[103]。

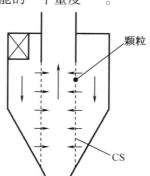

图 4-6 "平衡轨道"模型示意图

为计算旋风分离器的分离性能,除知道旋风分离器几何尺寸数据外,还需要有处理粉料的数据。超细木粉的制备设备要求能够分离 400 目以上的木粉,现以 400 目木粉为例进行木粉分离粒径计算。400 目木粉密度实验测量结果 $\rho_p = 351.2 \ \mathrm{kg/m^3}$,

并设入口速度为 30 m/s,入口浓度为 2.5 g/kg。

Barth 模型是最早的平衡轨道模型。首先计算径向速度。假设忽略器壁附近的径向速度,同时假设在 CS 柱面上的径向速度是均匀分布的,则有

$$|v_r(R_x)| \equiv v_{rCS} = \frac{Q}{\pi D_x H_{CS}} \qquad (4-9)$$

式中 Q——旋风分离器的流量;

D_x——升气管直径,也是 CS 柱面的直径;

H_{CS}——是 CS 柱面的高度;

$v_r(R_x)$——是 CS 上的平均径向速度,绝对值为 v_{rCS}。

由于旋风分离器的排料口比升气口小,圆柱面 CS 与旋风分离器下锥体相交,H_{CS} 比高度 $(H-S)$ 短。从几何结构上可以得

$$H_{CS} = \frac{(H-S) - H_c(R_x - R_d)}{R - R_d} \qquad (4-10)$$

将表 4-1 的数据代入式(4-9)和式(4-10)有

$$H_{CS} = \frac{(H-S) - H_c(R_x - R_d)}{R - R_d} = \frac{(934-311) - (934-173)(85-114)}{340-114}$$

$$= 100.41 \ \text{mm}$$

$$v_{rCS} = \frac{Q}{\pi D_x H_{CS}} = \frac{v_{in}ab}{\pi D_x H_{CS}} = \frac{30 \times 0.173 \times 0.058}{\pi \times 0.170 \times 0.100} = 5.639 \ \text{m/s}$$

并可计算出入口气体动量矩与沿器壁气体流动动量矩之比 α:

$$\alpha = 1 - 0.4 \times \left(\frac{b}{R}\right)^{0.5} = 1 - 0.4 \times \left(\frac{0.058}{0.340}\right)^{0.5} = 0.835$$

$$v_{\theta w} = \frac{v_{in}R_{in}}{\alpha R} = \frac{v_{in}\left(R - \frac{b}{2}\right)}{\alpha R} = \frac{30 \times \left(0.340 - \frac{0.058}{2}\right)}{0.835 \times 0.340} = 322.84 \ \text{m/s}$$

用器壁速度 $v_{\theta w}$ 计算 CS 表面上的切向速度 $v_{\theta CS}$,假设一个摩擦表面放入流动中,这个表面考虑了因器壁摩擦而带来的角动量损失,而假设这个摩擦表面的内外旋转没有损失,Barth 第一次提出了用模型计算摩擦对旋风分离器性能的实际影响,气体沿摩擦表面流动时,通过动量矩损失的微分平衡方程得出 $v_{\theta CS}$ 的表达式为

$$v_{\theta CS} = \frac{v_{\theta w}\left(\frac{R}{R_x}\right)}{1 + \frac{H_{CS}R\pi f v_{\theta w}}{Q}} \qquad (4-11)$$

将式(4-5)和式(4-11)进行比较可得式(4-12)。

$$\frac{v_{\theta CS}}{v_x} = \frac{R_x R_{in}\pi}{ab\alpha + H_{CS}R_{in}\pi f} \qquad (4-12)$$

式(4-11)和式(4-12)中的 f 是器壁摩擦系数。通过 f 可以分析影响旋风分离器分离性能的两个重要因素:器壁粗糙度和入口浓度。从式(4-12)中可知道简单增加旋风分离器的高度并非总能使性能改善。这对高入口浓度情况、或粗糙耐火砖的器壁、或颗粒结垢的器壁、或在运行过程中器壁变得非常粗糙的旋风分离器尤为重要。

旋风分离器在纯气流的情况下, f 随雷诺数增加而减少,就像在一般管道中流动一样,但也稍有不同; f 随着粉料浓度的增加而增大,这是由于被收集的粉体沿器壁运动得很慢,相当于在纯气流与器壁摩擦的基础上增加了一个附加分量。把 f 分为两部分,一部分是纯气流的旋风分离器的摩擦系数,记为 f_{air};另一部分是考虑了粉料影响的摩擦系数 f_{dust}。因此在足够高的雷诺数 Re 下,对于光滑器壁的旋风分离器有

$$f = f_{air} + f_{dust} = 0.005(1 + \sqrt{c_0}) \tag{4-13}$$

式中 c_0 是旋风分离器的入口浓度。

将入口浓度 $c_0 = 0.0025$ 数据代入式(5-13)可得 $f = 0.00575$。将相关数据代入式(4-11)可得

$$v_{\theta CS} = \frac{v_{\theta w}\left(\dfrac{R}{R_x}\right)}{1 + \dfrac{H_{CS} R \pi f v_{\theta w}}{Q}} = \frac{322.84 \times \dfrac{0.340}{0.085}}{1 + \dfrac{0.100 \times 0.34\pi \times 322.84 \times 0.00575}{30 \times 0.173 \times 0.058}} = 778.866 \text{ m/s}$$

在圆柱面 CS 上,旋转颗粒所受到的作用力有

$$F = \frac{\pi x^3}{6}\rho_P\left(\frac{v_{\theta CS}^2}{R_X}\right) \quad (\text{向外的离心力}) \tag{4-14}$$

$$F_{stk} = 3\pi x\mu v_{rCS} \quad (\text{向内的斯托克斯阻力}) \tag{4-15}$$

在离心力的计算中,气体密度与颗粒的密度相比可以忽略。建立离心力与阻力的平衡方程 $F = F_{stk}$ 可以得到切割粒径 x_{50}:

$$x_{50} = \sqrt{\frac{9v_{rCS}\mu D_X}{\rho_P v_{\theta CS}}} \tag{4-16}$$

将相关数值代入式(4-16)中,则可得

$$x_{50} = \sqrt{\frac{9v_{rCS}\mu D_X}{\rho_P v_{\theta CS}}} = \sqrt{\frac{9 \times 5.64 \times 14.8 \times 10^{-6} \times 1.72}{2730 \times 778.866}} = 68.73 \times 10^{-6} \text{ m}$$

式(4-16)中的 μ 为空气运动粘度, $\mu = 14.8 \times 10^{-6}$ m²/s。经计算得到旋风分离器切割粒径约为 68.73 μm。200 目左右的木粉粒径约为 75 μm,这样经旋风分离器可将 200 目以上木粉输送至分级装置中,在分级装置中将木粉按目数的大小进行分级。按照 Heywood 定义的颗粒形状尺寸测量,粉体颗粒则在三个互相垂直

方向的尺寸为:长度 l、宽度 b、高度 t 三个要素。当木粉加工到 200 目左右时,木粉颗粒形状大都呈细棒状,在厚度 t 方向尺寸上已不明显,可忽略不计。只考虑长度 l 和宽度 b 时,木粉粒径尺寸只要二者之一属于更高的粒径目数时我们就可以将其归属于更高的目数。400 目左右的木粉粒径约为 38 μm,只要颗粒的 l 或 b 二者之一在 38 μm 范围内即可。由实验测定这样经旋风分离器可分离出 400 目以上的木粉。

4.5　旋风分离器压降计算

旋转运动使旋风分离器的压降问题变得比较复杂。由于旋风分离器的压降与几何参数和工作参数的关系是非线性的,且旋风分离器的实测压降因测量点的位置问题一般很难有一个统一的解释。旋风分离器的旋转气流是由外旋涡以加速方式流向内旋涡构成的,这个流动过程符合动量矩守恒原理或角动量守恒原理,表面静压逐渐降低或旋转流动是由静压转换成动压的过程[104]。

旋风分离器的压降模型一部分是建立在耗散损失分析的基础上,另一部分是纯经验的模型。Shepherd – Lapple 模型和 Casal – Martinez 模型这两种模型都是经验型的,适用于切向进口旋风分离器且入口浓度较低,模型中只包括进口和出口面积。在超细木粉的旋风分离器中器壁较为光滑且入口浓度低,使用简单的经验压降模型是足够的。耗散损失分析的模型主要是 Stairmand 模型,主要应用于切流式旋风分离器。这种模型考虑了分离器及升气管中的摩擦损失,但只局限于低入口浓度的旋风分离器。

4.5.1　经验模型

整个旋风分离器的压降 Δp,正比于或者非常近似地正比于体积流量的平方,这与所有具有湍流流动的工艺设备情况有关。为描述给定旋风分离器的压降特性,经常把压降表示为无量纲数(欧拉数)形式 Eu[105]。

经验模型不仅包括进口与出口的面积比值。它与欧拉数、雷诺数无关,且要求经验模型与原型的旋风分离器要几何相似且总的摩擦系数也为一个常数。经验模型可以将旋风分离器的压力损失测量结果用相对合理的理论计算方法计算出旋风分离器自身的压力损失,而不考虑是否满足与雷诺数相似。

Shepherd – Lapple 模型的公式为

$$\frac{\Delta p}{\rho v_{\text{in}}^2} = Eu_{\text{in}} = \frac{16ab}{D_x^2} \tag{4-17}$$

式中　Eu_{in}——欧拉数,是一个常数,它是基于进口速度 v_{in} 的相似放大;

　　　ρ——室温时空气密度,$\rho = 1.205$ kg/m³。

将数值代入式(4-17)中可得到:$\dfrac{\Delta p}{1.205 \times 30^2} = \dfrac{16 \times 0.173 \times 0.058}{0.170^2} = 5.56$,计

算后可得压降 Δp 为 6 024.57 Pa。

Casal 和 Martinez - Benet 模型公式为

$$\frac{\Delta p}{\rho v_{\text{in}}^2} = Eu_{\text{in}} = 3.33 + 11.3 \left(\frac{ab}{D_x^2}\right)^2 \tag{4-18}$$

将数值代入式(4-18)中可得到:$\dfrac{\Delta p}{1.205 \times 30^2} = 3.33 + 11.3 \left(\dfrac{0.173 \times 0.058}{0.170^2}\right)^2 =$

4.69,计算后可得压降 Δp 为 5 088.66 Pa。

这两个模型是目前使用最为广泛的,但在选用不同模型计算时所得到的压降存在明显的差异。这主要是由于这两种模型计算时都与粉体的浓度、旋风分离器器壁的光滑程度有联系并对计算结果影响较大。Shepherd - Lapple 模型适用于典型的旋风分离器结构,Casal 和 Martinez - Benet 模型更侧重于经验模型,由此计算出的结果必然存在差别。超细木粉机的旋风分离器结构先用的是典型结构,且粉体的入口浓度较低,试验过程中旋风分离器的器壁在湍流工况操作时也较为光滑,因此计算结果能给出较为符合实际的结果,这里以 Shepherd - Lapple 模型的计算结果为后续的粉体分级提供理论依据。但此经验模型不能用来准确估算在高入口浓度和具有砖砌衬里的工业用旋风分离器的压力损失。

4.5.2　建立在耗散损失上的模型

Stairmand 从动量矩平衡计算了旋风分离器中的速度分布,结合进出口的静压损失与旋转流中的静压损失估算了压降。在实际的应用中,从外旋涡到内旋涡所减少的静压很少能在升气管中重新恢复,可以认为是耗散损失。为计算旋风分离器的压降,则需知道旋风分离器器壁的总面积 A_R。

$$A_R = \frac{\pi(D^2 - D_x^2)}{4} + \pi D(H - H_c) + \pi D_x S + \frac{\pi(D + D_d)}{2} \times \left[H_c^2 + \left(\frac{D - D_d}{2}\right)^2\right]^{0.5} \tag{4-19}$$

将旋风分离器的几何参数代入式(4-19)中可得 $A_R = 1.906\ 9$ m²。

Stairmand 的模型可用一个更紧凑的旋风分离器压降计算式表示:

$$\frac{\Delta p}{\frac{1}{2}\rho v_{\text{in}}^2} = Eu_{\text{in}} = 1 + 2q^2\left[\frac{2(D-b)}{D_x} - 1\right] + 2\left(\frac{4ab}{\pi D_x^2}\right)^2 \quad (4-20)$$

且

$$q = \frac{-\left[\frac{D_x}{2(D-b)}\right]^{0.5} + \left[\frac{D_x}{2(D-b)} + \frac{4A_R G}{ab}\right]^{0.5}}{\frac{2A_R G}{ab}} \quad (4-21)$$

经计算压降 Δp 为 4 557.21 Pa。

在旋风分离器压降计算上,各种模型的计算求解都有一定的出入。这主要是由于每种模型的条件不同,考虑的主要变化因素也不相同,但对于给定的超细木粉旋风分离器的试验中,分离器的器壁较为光滑,入口浓度相对较低,则产生的流体旋转速度越高,分离器中心静压也将越低。气流在器壁和旋转涡核中的摩擦损失将直接导致机械能量的损失。而切向速度分量中的动压能量主要在升气管和管道中耗散,而没有静压恢复[106]。

由以上计算可知旋风分离器内流动状态存在两个极端情形,一种是很低的器壁摩擦损失,将产生很强的旋转流,动压将耗散在升气管和收集箱中的管道中。另外一种是很高的器壁摩擦损失,进入升气管后气体没有任何旋转运动,但静压很高,这样在升气管中的动压耗散则非常低,将基本上使旋转流完全衰减。旋风分离器的器壁越粗糙,压力损失就变得越小。但超木粉的旋风分离器器壁较为光滑,一定会在升气管内产生压力损失,但这样会使旋转流的旋转速度更高,分离性能更好。超细木粉的分离试验表明,选择经验模型来进行压降的计算是足够的。

4.5.3 气体流场模拟

旋风分离器内的两相流运动状态大都为湍流,用理论方法进行研究虽然能够清晰、普遍地揭示出流动的内在规律,但该方法目前只局限于少数比较简单的理论模型,而且需要进行相应的数学计算。用实验方法进行研究结果可靠,但局限性在于相似准则不能全部满足尺寸限制、边界影响等,同时实验研究需要场地、仪器设备和大量的经费,研究周期也比较长。对旋风分离器和旋风管中流场、压降和分离效率的预测还可用计算流体动力学(CFD)模型来预测。计算流体动力学方法所需要的时间和费用都较少,且具有较高的精度,目前在流体动力学的研究中扮演着越来越重要的角色[107]。

在计算流体动力学中,气体流动的控制方程是用有限差分形式表示的纳维尔—斯托克斯方程,可通过在整个离心分离器内的网格点来求解。计算网格是用结点组成的,在各个结点处来计算因变量,这些变量可以是温度、化学成分的浓度、粉体质点的动量。三维不可压缩流体的平衡方程:

$$\frac{\partial \varphi}{\partial t} = S - v_x \frac{\partial \varphi}{\partial x} - v_y \frac{\partial \varphi}{\partial y} - v_z \frac{\partial \varphi}{\partial z} - D\left(\frac{\partial^2 \varphi}{\partial x^2} + \frac{\partial^2 \varphi}{\partial y^2} + \frac{\partial^2 \varphi}{\partial z^2}\right) \qquad (4-22)$$

式中 D 为粉体的扩散系数。

在超细木粉的旋风分离器内为说明 CFD 原理,简化计算以一维平衡方程的有限差分形式来说明旋风分离器内的气体流场。式(4-22)则可简化成:

$$S - v_x \frac{\partial \varphi}{\partial x} - D\frac{\partial^2 \varphi}{\partial x^2} = 0 \qquad (4-23)$$

根据各结点的因变量值,把一阶和二阶偏导数的近似值代入微分方程。根据一阶和二阶偏导数的定义,便可得到有限差分方程:

$$S - v_x \frac{\varphi_{i+1} - \varphi_{i-1}}{2\Delta x} - D\frac{\varphi_{i+1} - \varphi_{i-1} - 2\varphi_i}{\Delta x^2} = 0 \qquad (4-24)$$

又可将式(4-24)改写为

$$S + \varphi_{i-1}\left(\frac{D}{\Delta x^2} - \frac{v_x}{2\Delta x}\right) + \varphi_{i+1}\left(\frac{D}{\Delta x^2} - \frac{v_x}{2\Delta x}\right) = \frac{2D\varphi_i}{\Delta x^2} \qquad (4-25)$$

因此利用 φ 在 i 相邻结点的值,便可得到 φ 在 i 处的代数方程。通过对所有结点处的 φ 方程组进行迭代求解,便可计算出其流场中相应值的大小。

超细木粉在旋风分离器内的流动认为是不可压缩的内部流动。根据旋风分离器结构(图4-4)和结构尺寸(表4-1)可用 GAMBIT 软件进行旋风分离器的结构建模。

流体介质为空气,进气管道通入的气体认为是不可压缩的流动气体,升气管处认为是充分发展流动的,对其计算域进行多块结构化网格划分并采用压力基求解器进行求解。在划分网格时注意升气管界面采用非正则网格进行划分界面,FLUENT 会自动对界面上的量进行插值传递,不妨碍计算的进行,采用正则网格和非正则网格划分后旋风分离器。

在计算旋风分离器内的流场时,采用的三维单精度求解器,选择 RNG$k-\varepsilon$ 双方程湍流模型,因为在旋风分离器内旋流是主要的流动方式。其实更加适合旋流计算的是能模拟各向异性湍流的 Reynolds Stress(雷诺应力)模型,但雷诺应力模型在三维情况下需要求解 7 个方程,比双方程多了 3 倍还多,计算量较大,因此在计算时选择 RNG$k-\varepsilon$ 双方程湍流模型。图4-7 和图4-8 显示的是 $z=360$ 和 $z=645$ 两个平面的速度矢量图。

从 $z=360$ mm 处和 $z=645$ mm 处的两个端面上的速度矢量图可以看出中心气

流有强烈旋转(颜色深),壁面附近气流的速度快速降低,且可以看出分离器内的气体流动的不对称性。

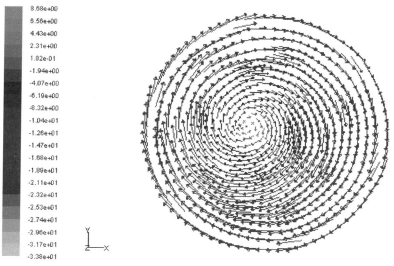

图4-7 $z=360$ 平面上的旋流速度及速度矢量示意图

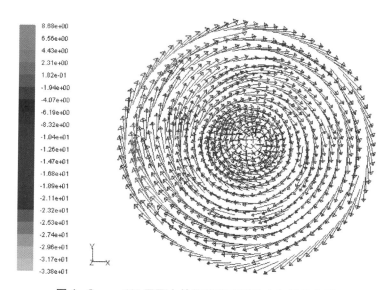

图4-8 $z=645$ 平面上的旋流速度及速度矢量示意图

4.6 颗粒流动模拟

4.6.1 颗粒运动分析

在旋风分离器中的颗粒几乎总是以它的终端速度相对于气体进行运动的,对于所研究的木粉颗粒这个终端速度决定了它是被收集还是重新返回加工区域。作用于颗粒上的力等于质量乘以加速度,于是颗粒运动为

(质量乘以加速度)=(体积力)+(流体阻力)+(非稳定力)

其中体积力通常是由重力场和离心力引起的;流体阻力是指当颗粒相对于流体以一个稳定的速度运动时,流体作用于颗粒上的阻力;非稳定力是考虑颗粒相对于流体具有加速度时的影响[108]。因此将相应的表达式代入,牛顿流体中颗粒的运动方程为

$$\left(\frac{\pi x^3}{6}\right)\rho_P \frac{dU'}{dt} = \left(\frac{\pi x^3}{6}\right)(\rho_p - \rho)a - C_D\left(\frac{1}{2}\rho U'\mid U'\mid\right)\left(\frac{\pi x^2}{4}\right) - (Basset) - (附加质量力)$$

$$(4-26)$$

式中 U'——是颗粒相对于气体运动的速度矢量;

  a——是外力场引起的加速度矢量;

  $\rho_p \cdot \rho$——分别是颗粒和流体的密度;

  t——时间;

  $\mid U'\mid$——是 U' 的绝对值,表示矢量的大小;

  x——颗粒粒径。

等式(4-26)中左边第一项表示体积力,第二项表示当颗粒周围的流动充分发展时,流体作用在颗粒上的阻力 F_D,C_D 是阻力系数。后两项是非稳定流动中才具有的,在稳定运动中为零。在气体旋风分离器中,即便是计算加速和小尺度湍流运动,忽略这两项也是允许的,这是由于气体的惯性非常小。假设在流体和颗粒表面间没有滑移即流体速度等于颗粒表面的速度,满足"斯托克斯阻力定律",则

$$F_D = -3\pi x\mu U' \qquad (4-27)$$

在超细木粉的旋风分离中关注的是在低密度的空气中木粉颗粒的运动,因此黏度 μ 非常低,颗粒的雷诺数为

$$Re = \frac{\rho \, |\, U' \,|\, x}{\mu} \tag{4-28}$$

把式(4-27)与式(4-28)的流体阻力项相比较,并利用式(4-28),便可得到层流情况下的颗粒运动方程:

$$\left(\frac{\pi x^3}{6}\right)\rho_p \frac{\mathrm{d}U'}{\mathrm{d}t} = -3\pi x\mu U' + \left(\frac{\pi x^3}{6}\right)(\rho_p - \rho)a \tag{4-29}$$

求解式(4-29)所示的微分方程,并设在 $t=0$ 时 U' 为颗粒相对于气体的运动速度,则

$$U' = \frac{x^2(\rho_p - \rho)a}{18\mu}\left[1 - \exp\left(-\frac{18\mu t}{x^2\rho_p}\right)\right] + U'\exp\left(-\frac{18\mu t}{x^2\rho_p}\right)$$

$$= \left(\frac{\rho_p - \rho}{\rho_p}\right)\tau a(1 - e^{-t/\tau}) + U'e^{-t/\tau} \tag{4-30}$$

式中 τ 是颗粒的松弛时间,$\tau = \dfrac{x^2\rho_p}{18\mu}$。

当时间 t 很大时,式(4-30)中 e 的指数项趋于零,则颗粒将达到终端速度。此时 $\rho_p \gg \rho$,则在气体旋风分离器中,终端速度为

$$U' = U'_{\mathrm{stk}} = \tau a = \frac{x^2\rho_p}{18\mu}a \tag{4-31}$$

如果颗粒运动的切向速度与气体一致,并且将坐标系随颗粒一起旋转,这时可用颗粒的向心加速度 v_θ^2/r 来替代式(4-31)中的加速度 a。当 $\rho_p \gg \rho$ 时,则颗粒将在离心力作用下克服阻力,而被向外甩出如图4-9所示,并以相对于气体的终端速度运动,其速度为

$$U' = \frac{x^2\rho_p}{18\mu}a = \frac{x^2\rho_p}{18\mu}\left(\frac{v_\theta^2}{r}\right) = \tau\left(\frac{v_\theta^2}{r}\right) \tag{4-32}$$

式中 v_θ 是切向速度,单位 m/s。

由此可知,木粉在旋风分离器的运动状态是大颗粒的粉体向外运动沿分离器的器壁重新返回加工区域,而小颗粒的粉体则在高速度旋转气流进入升气管被带到木粉的分离箱中进行分级和收集。

在超细木粉的分离器中是气固两相流,而粉体的颗粒密度要比空气的密度高很多,因此在计算颗粒的速度时,只需考虑颗粒的流动阻力即可。

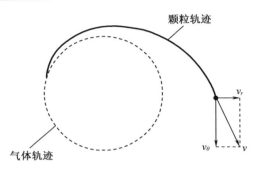

图 4 – 9　气体和颗粒的轨迹示意图

4.6.2　颗粒运动轨迹模拟

利用 CFD 可以对旋风分离器内流场流动进行模拟计算,也可对颗粒进行离散相的模拟。求解多相流问题一般有两种方法,欧拉 – 欧拉方法(对连续相流体在欧拉框架下求解 N – S 方程,对粒子相也在欧拉框架下求解颗粒相守恒方程,以空间点为对象)和欧拉 – 拉格朗日方法(对连续相流体在欧拉框架下求解 N – S 方程,对粒子相在拉格朗日框架下求解颗粒轨道方程,以单个粒子为对象)。对超细木粉颗粒在旋风分离器内的颗粒轨迹模拟我们主要应用欧拉 – 拉格朗日方法。先求解带有木粉颗粒存在的流动,计算连续相流场,然后将木粉颗粒当作离散存在的一个个粒子,再结合流场变量求解每一个颗粒的受力情况获得颗粒的速度,从而追踪单个木粉颗粒的轨道,即在拉氏坐标下模拟流场中离散的第二相。

拉格朗日颗粒轨迹法,是利用已知的气体流场来求解颗粒的运动方程。通过计算各个时间间隔内的颗粒位置和速度,来分析旋风分离器或旋风管分离器内的颗粒运动轨迹。木粉以相对于气体以给定的速度 $u_{i,0}$ 进入一个特定的单元时,时间间隔 Δt 之后的颗粒运动速度可由式(4 – 33)算出:

$$u_i' = \frac{x^2(\rho_p - \rho)a_i}{18\mu}\left[1 - \exp\left(-\frac{18\mu\Delta t}{x^2\rho_p}\right)\right] + u_{i,0}\exp\left(-\frac{18\mu\Delta t}{x^2\rho_p}\right) \qquad (4 - 33)$$

在确定出单元上的气体速度后,则可由颗粒与气体间的相对速度算出颗粒的绝对运动速度。在时间间隔 Δt 内对颗粒绝对速度积分可以计算出颗粒在 Δt 时间后的位置,颗粒的行程为 $\int_{\Delta t} u\mathrm{d}t$。对一系列时间间隔进行这样的计算,便得到旋风分离器中的颗粒轨迹。

木粉从进口与空气同时进入旋风分离器,以试验测得 200 目木粉密度为计算密度,其值为 322.95 kg/m³,木粉粒径为 10 μm、18 μm、38 μm 和 75 μm 四组,每组颗粒的质量流率均设为 0.05 kg/s,模拟四组粒径在旋风分离器内运动轨迹,如图 4 – 10 所示。

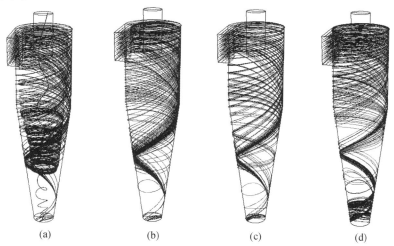

图 4 – 10　木粉颗粒运动轨迹示意图

(a)$Z = 10$ μm;(b)$Z = 18$μm;(c)$Z = 38$ μm;(d)$Z = 75$ μm

从不同粒径木粉颗粒运动轨迹的模拟图中可以看出,木粉颗粒的运动轨迹是沿器壁向下运动到排料口,然后向上运动到升气管,最后从旋风分离器上部排出。粒径为 10 μm 的木粉颗粒追随性很好,随着气流旋转向下运动,部分颗粒到达旋风分离器的锥体部分之后又随内部的上升气流螺旋上升,进入升气管道,同时由于粒径小所受离心力也较小,部分颗粒的运动没有到达器壁就随分离器内的上升气流螺旋上升到升气管附近。比较图 4 – 10 中的(b)、(c)、(d)可以看出粒径较大的颗粒受到的离心力作用也较大,被甩向器壁,沿壁面螺旋下滑至分离器底部,被分离出来;还可以看出 75 μm 颗粒惯性最大,更容易保持原来的运动轨迹,其轨迹与 18 μm 和 38 μm 颗粒所形成的轨道不同。

4.7　木粉收集箱的设计方法

超细粉体的分级收集方式主要有两种,一是干法分级收集,二是湿法分级收集。湿法分级因超细产物的脱水与干燥,以及废水处理等较为困难的问题,因此应用较少。干法分级收集,目前大多采用气力分级。

4.7.1　超细粉体减压分级原理

超细粉体的收集和分级的关键因素之一是粉体必须是分散的颗粒。气流分散法是常用的方法它是在均匀流场中突然有一股的气流急剧加速,使大小颗粒间所受到的作用力不同而使欲团聚的颗粒分散,或利用剪切流场的速度差使粉料分散。

分级装置必须具备的基本条件,首先是颗粒物料进入分级装置前必须是高度的分散状态;其次是要颗粒间存在差异,如粒径大小、形状不同及组成不同等;再次是分级室内应有两种以上的阻力,惯性力、离心力、磁力、静电力、浮力等。超细粉体分级收集的原则:(1)物料在分级前必须处于完全充分的分散状态;(2)分离作用力要强而有力,分离作用力要只作用在点、线上,每个力的作用是瞬间完成的,但整个作用区域却要求具有持久性;(3)对气流要做整流处理,避免产生局部涡流,以提高分级精度;(4)一经分离出的粉体应迅速分离,以免再度混合。

在超细粉体的分离分级中目前主要应用的有迅速分级和减压分级两种方式。依据加工木粉的特点,超细木粉的分级主要应用减压分级原理。

从旋风分离器中分离出的气固两相流经过较长的连接管进入收集箱中的螺旋管时,气固两相流已为层流,颗粒在螺旋管中运动时的气体阻力为

$$F_d = 3\pi\mu d u_C \qquad (4-34)$$

式中　μ——是气体黏度系数;

　　　u_C——是绕流速度;

　　　d——是颗粒直径。

当粉体的颗粒粒径接近于气体分子平均自由行程 λ(20 ℃时,$\lambda = 6.5 \times 10^{-2}$ μm),粉体颗粒周围的空气将发生滑动而使阻力下降为

$$F_d = 3\pi\mu \frac{du_C}{c_C} \qquad (4-35)$$

式中 c_C 是 Cunningham 校正系数,其值大于等于 1。

$$c_C = 1 + \left[1.23 + 0.31 \exp\left(-\frac{0.88}{K_n} \right) \right] K_n \qquad (4-36)$$

在式(4-36)中，K_n 是修正系数，其值为 $K_n = \dfrac{2\lambda}{d}$，在 20 ℃时空气的 λ 与压力 p 的关系可用关系式 $\lambda = \dfrac{49.6}{p}$ 近似表示。通过计算可得出 c_C、d 与 p 之间的关系。可见减压可使 Cunningham 效应增大。

分级器与惯性分离准数密切相关，该准数为

$$\psi = \frac{c_C \rho_d u_C d^2}{18\mu D_C} \qquad (4-37)$$

式中　u_C——是气体流速；

　　　D_C——是内部流动旋涡发生体迎流面宽度。

将式(4-36)与式(4-37)联立可求解出 ψ、$c_C d$ 与 p 之间的关系。其关系如图 4-11 所示。从中可以看出减压能使分级粒度降低，且可低至 1/10 以下。

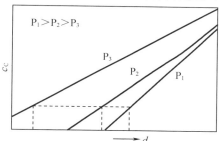

图 4-11　c_C、d、p 间的关系

4.7.2　木粉收集箱的结构

超细木粉的收集箱在设计时按照超细粉体的分级收集原则进行设计，并采用干式分级中的气力分级。空气动力学理论的发展为多种气力分级机的研制和开发提供了坚实的理论基础，目前气力分级的分级粒径在 1 μm 左右的超细分级机已不罕见。气力超细分级机的关键技术之一是分级室的流场设计。理想的分级力场应该具有分级力强、有较明显的分级面、流场稳定及分级迅速等性质。如果分级区内出现紊流或涡流，必将产生颗粒的不规则运动，形成颗粒的相互干扰，严重影响分级精度和分级效率，因此在超细木粉分级的设计中尽量避免分级区涡流的存在，并提高空气和木粉混合流体运动轨迹的平滑性以及尽可能减小分级面法线方向两相

流厚度。木粉中分子内氢键有形成聚集体的趋势,易产生木粉聚集现象。超细木粉的气力分级机的关键技术之二是分级前的预分散。分级区的作用是将已分散的颗粒按设定粒径分离开来,它不可能同时具有分散的功能,评价分级区性能的重要指标是其将不同颗粒进行分级的能力,而不是能否将颗粒分散成单颗粒的能力,但分散又无可争议地极大影响着分级效率,所以将分散和分级与其后的颗粒捕集看成是一个相互紧密联系。不能分割的系统组成部分。超细木粉的预分散采用机械分散方法中的射流分散,利用离心风机产生高速的喷射气流将木粉的气、固两相流进行分散,高速射流使粉体颗粒在喷射区发生强烈的碰撞和剪切,从而将颗粒团聚破坏。

图 4 - 12 所示超细木粉的分级是将从螺旋分离器升气管中分离出来的细粉进入木粉收集箱内的连接管 1,同时离心风机 10 和除尘器 9 共同作用,通过吸气管 5 产生高速喷射气流对细粉进行预分散。预分散后的木粉进入螺旋管 12,木粉进入螺旋管中随着运动距离的增加两相流的流速逐渐降低,螺旋管中的流场稳定,两相流主要以层流为主。当通入离心风机 7 和除尘器 8 共同作用的控制气流时,在同一层流中假设木粉颗粒运动的速度相同,则质量大的木粉具有的动能相对较大,运动惯性也较大,当木粉颗粒受到与其运动方向不同的作用力时,惯性会使大小不同的木粉颗粒形成各自的运动轨迹而继续运动。通过控制离心风机 7 和除尘器 8 共同作用产生的气流的大小,就可以调节木粉颗粒的分级粒径。在螺旋管的下面每隔一段距离就会下接一个收集袋,收集箱的负压使螺旋管中不同位置的木粉都能进入到相应的收集袋中。导入二次控制气流在收集箱内形成负压,使大小不同的颗粒在螺旋管中运动的距离发生改变。较大的木粉颗粒基本保持入射运动方向,并在负压的作用下沉降在距离入口较近的位置,较小的颗粒则继续运动沉降至距离入口较远的位置,最细的颗粒随气流飘入螺旋管的最远端。木粉颗粒的依次沉降实现了对粉体的分级收集。

收集袋是利用含粉气体通过多孔纤维的滤袋,达到使气、固两相分离的设备。木粉与滤袋产生接触、碰撞、扩散及静电作用,使木粉沉积于滤布表面的纤维上或毛绒之间。经过一段时间形成一定厚度的初次黏附层后,就能通过木粉自身成层的作用显著地改变木粉黏附层的过滤作用。收集袋中的气、固两相混合气流中的粉体在离心风机所产生负压的作用下就会被留在相应的收集袋中,完成木粉不同目数粉体的收集。

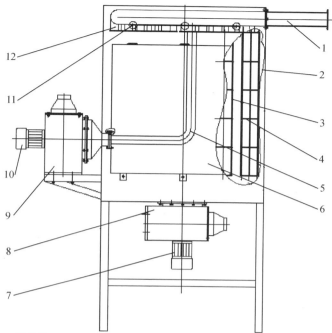

1. 连接管；2. 焊接箱体；3. 收集袋；4. 除尘支架；5. 吸气管；6. 门板；
7. 离心风机1；8. 除尘器1；9. 除尘器2；10. 离心风机2；11. 支撑管；12. 螺旋管。

图 4 - 12　木粉收集箱结构示意图

4.8　本　章　小　结

通过对多种分离器的比较分析,在超细木粉的分离上采用旋风分离器进行粉体的分离。依据粉体颗粒的形状尺寸定义,并通过"平衡轨道"模型的理论计算,实现利用旋风分离器分离出的粉体在一个尺寸方向上满足设计要求。分离器内部的流场在试验过程中难以确定其内在位置的准确场强,用计算流体力学软件模拟分离器内部两相流的旋流速度矢量及不同粒径的木粉颗粒在旋风分离器内的运动状态。在木粉的分级上采用干式的气动分级,依据射流预分散原理,利用离心风机的高速喷射气流使木粉在收集箱中的螺旋管中以层流流动,达到木粉的分级。

第5章 超细木粉加工目数与细胞裂解间的关系

5.1 木粉的目数与细胞裂解形态

木材纤维最有效的粉碎断裂方式有两种:一是针叶材管胞间的分离直至断裂,这种胞间分离能最大限度地破坏针叶材在横断面上的蜂窝状结构;二是管胞在长度方向上直接断裂,通过剪切使管胞长度变短。

用显微镜观测不同目数的木粉。观测大量木粉形态后将 400 目左右木粉中带有典型特征的颗粒选出,如图 5-1 所示。从中可以清楚看到纹孔,但都呈单列,最大长度为单列 4 个纹孔直径长度,宽度为 35.11~39.64 μm,而兴安落叶松管胞径壁纹孔直径 17~24 μm,平均直径为 20 μm。木粉粒径为 800 目左右时能看到管胞径壁上的不完整纹孔,已不在有纹孔缘,宽度为 18.30 μm,长度为 34.85 μm。如图 5-2 所示,将其与兴安落叶松管胞径壁纹孔直径相比,初步确定为晚材管胞。800 目的木粉主要呈细丝状。从加工的木粉中可以看出锯屑经干燥加工后其管胞上纹孔内口的纹孔膜已不存在,且管胞断裂在纹孔缘处。图 5-3 所示为 1 000 目左右木粉,此时木粉形态大多为扁圆的小颗粒,颗粒在长度方向的特征已不明显,长度和宽度两个方向上的尺寸也很接近。

从图 5-1、图 5-2、图 5-3 中可以看出,400 目以上的木粉其厚度可以忽略,总体成针状颗粒。放大图 5-1 可以看出,400 目左右木粉粒径的长度和宽度二者之一在 38 μm 左右,满足 400 目粉体的粒径尺寸。放大图 5-2 可以看出,800 目左右木粉粒径的长度和宽度二者之一在 18 μm 左右,满足 800 目粉体的粒径尺寸。放大图 5-3 可以看出,1 000 目左右木粉粒径的长度在 13 μm 左右,满足 1 000 目粉体的粒径尺寸。

从 400 目与 800 目的木粉形态图中依然可以看到较为完整的纹孔,但断裂处大都在纹孔缘附近,此处的几何形状弯曲度较高,导致应力集中,易发生断裂。图 5-4 可以清楚地阐述在加工状态时受力的木材细胞状态。

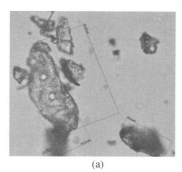 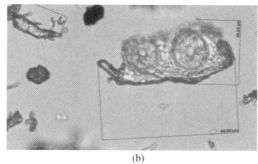

(a)   (b)

图 5-1　400 目木粉形态尺寸

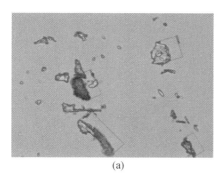 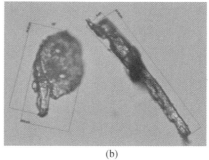

(a)   (b)

图 5-2　800 目木粉形态尺寸

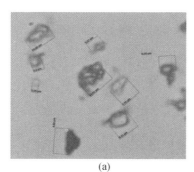 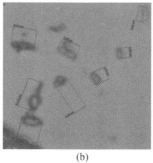

(a)   (b)

图 5-3　1 000 目木粉形态尺寸

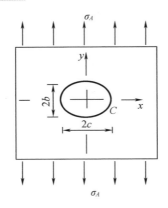

图 5 – 4　细胞壁截面受力示意图

针叶树材管胞的纹孔通常是椭圆形或圆形的轮廓，圆是椭圆的特殊形式，因此可将纹孔形状按椭圆形来计算。其椭圆方程为

$$\frac{x^2}{c^2} + \frac{y^2}{b^2} = 1 \tag{5-1}$$

可以很容易地得知椭圆孔在 C 点处具有最小的曲率半径：

$$\rho = \frac{b^2}{c}, (b < c) \tag{5-2}$$

在 C 点处出现了最大的应力集中：

$$\sigma_C = \sigma_A \left(1 + \frac{2c}{b} \right) = \sigma_A \left(1 + 2\sqrt{\frac{c}{\rho}} \right) \tag{5-3}$$

当 $b \ll c$ 时，就可将细胞壁上纹孔细长化，并可近似的用一条裂纹来表示，因此可以讨论木材细胞破壁的情况。式（5 – 3）可以简化为

$$\frac{\sigma_C}{\sigma_A} \approx \frac{2c}{b} = 2\sqrt{\frac{c}{\rho}} \tag{5-4}$$

由此可看到此比值对于一个狭长的孔洞或裂缝来将远远大于1，且应力集中程度取决于孔的形状而不是孔的尺寸。如果将 c 值依次增大，则可得到应力集中的一般规律：应力集中导致的应力场变化仅仅局限在孔的边界外大小约为椭圆孔长半轴 c 的一个很小的区域内，而最大的应力梯度则局限在一个更小的区域内，这个区域的大小约等于椭圆孔最大曲率半径 ρ，最大的应力集中效应便发生在这个区域。具有明显应力放大效应的仅仅是那些承受应力作用的、具有高度弯曲几何形状的区域，因此木粉的目数在 400 目 ~ 800 目时细胞破壁，径向壁上的 2 列纹孔变成 1 列纹孔，但在纹孔缘处应力最大，仍可看到完整的纹孔。而木粉在 1 000 目时细胞壁完全断裂，所以看到完全破裂的非常细小的颗粒。

5.2 不同目数木粉形态比较分析

粉体的目数与粉体粒径间不呈线性关系,随着粉体目数的增大,粉体粒径逐渐减小。图5-5所示为木粉目数与木粉粒径间关系。结合图5-1至图5-3可以将不同目数的木粉与兴安落叶松管胞平均弦向直径进行对比,其结果如表5-1所示。

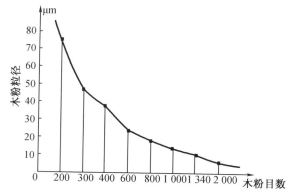

图5-5 木粉目数与木粉粒径间关系图

超细木粉机在进行木粉的加工时主要利用的剪切粉碎、冲击粉碎和摩擦粉碎。这三种粉碎方式随着给料量和加工时间的不同,又分别起着不同的作用。剪切粉碎主要在加工初期与锯屑的大颗粒发生作用,使锯屑颗粒尺寸迅速减小,冲击粉碎的能量主要与机器转速有关,在机器转速不变的情况下,可以近似认为冲击粉碎能量不变;摩擦粉碎主要与机器转速和加工箱内物料的多少有关,在机器转速不变的情况下加工箱内的物料越多,物料与物料之间、物料与刀具和筛网之间的摩擦力就越大,产生的摩擦剪切能量也就越大。

在加工过程中需要不断添加原料,超细木粉机的工作过程大约经过以下加工过程:加工初始添加的原料较少,加工区域的物料较少,此时的粉碎方式以冲击粉碎为主。落叶松锯屑颗粒粒径变小主要是管胞间的分离,颗粒的各向异性、干燥后的脆性和非均质性使胞间层的结合力远低于管胞壁的性能,这时锯屑颗粒粒径变小主要是由于管胞间的胞间分离和管胞长度变短。随着给料量的增加,加工区域的物料也逐渐增多,摩擦粉碎方式就逐渐占据主导位置。在给料较少时,单位物料获得的粉碎能量较多,物料粉碎程度较高,但随着给料量的不断增加,固定的粉碎能量将分散给更多的物料,此时摩擦粉碎产生的能量也逐渐增加,但是不足以弥补喂料量增加带来的单位物料获得的破碎能量的损失,导致单位物料获得的粉碎能量逐渐降低,木粉的特征粒径和平均粒径开始逐渐变大[109]。给料量增长,加工区域内的摩擦粉碎能量也逐渐增大,当摩擦粉碎能量增大到与喂料量的增长带来的单位物料获得的粉碎能量损失相平衡时,粉体颗粒的特征粒径和平均粒径便不再增长。只有当摩擦粉碎的能量增大到大于给料量增长带来的单位物料获得的粉碎能量时,单位物料获得的粉碎能量不断增加,加工区粉体的特征粒径和平均粒径开始逐渐下降,直至达到最大给料量。

表 5 - 1　不同目数木粉与管胞弦向平均直径的对比

加工设备	木粉		兴安落叶松管胞平均弦向直径	
	目数	粒径/μm	早材	晚材
传统木粉机	200	75	40	36
	300	48		
	400	38		
超细木粉机	600	23		
	800	18		
	1000	13		
	1340	10		
	2000	6.5		

5.2.1　传统木粉目数与细胞裂解间的关系

对不同目数的木粉颗粒进行显微镜观测其形态是分析锯屑颗粒断裂方式和粉碎机理的重要方法之一。传统木粉的生产主要是电动机带动主体机中的电机主轴作高速运动,使机械能对原料产生高强度的冲击力、剪切力、摩擦力、压缩力,这些力可使锯屑颗粒发生胞间分离和管胞长度变小,使管胞的长径比发生重大变化。冲击力和胞间层中的应力集中使管胞间或管胞发生分离和断裂。管胞间断裂可以分为胞间层分离和管胞撕裂两种情况。胞间层分离是由于管胞壁内纤维产生的非均匀性和各向异性造成的相邻层间应力与刚度不平衡,在受外力作用下管胞间易产生分离。管胞撕裂主要是由于木材在外力作用下，大多从细胞次生壁外层与中层之间的滑移而继发产生的，原因在于两层的微纤丝排列方向明显不同[110]。图5-6所示为加工过程中撕裂的管胞。在剪切力的作用锯屑颗粒内所含的管胞长度逐渐变短，在摩擦力和压缩力的共同作用下，使受外力的颗粒内部产生裂纹，使加工初期的颗粒具有三维方向的尺寸减少到只具有二维方向的尺寸，且颗粒内存在裂纹，图5-7所示为近似为二维尺寸的颗粒内部裂纹。

图5-6　撕裂管胞　　　　　　　　　图5-7　管胞横截面内裂纹

随着粉体粒径逐渐变小，粉体颗粒承受形变的能力逐渐加强，使其发生断裂的能量则需更大。在加工至200目左右时加工系统供给的能量大于纤维间的结合力，使颗粒在受到较大的剪切、冲击作用后发生变形，变形的程度未达到使纤维断裂的临界状态时，却可以使纤维发生剥离，从而在显微镜观测200目木粉时粉体大都呈棒状，且在边缘处还会观测到丝状。图5-8所示为200目木粉形态图。

传统木粉在加工至400目左右时加工系统供给的能量趋于稳定，加工箱中的物料变化量也趋于恒定，加工原料颗粒在各个方向上受到的力大小概率较为接近，每个颗粒受力大小和方向比较均匀，在摩擦剪切过程中，颗粒的棱角被相互间的作用力而磨平，颗粒变得比较光滑，棒状程度与200目时的木粉相比要差些，图5-9为400目木粉形态。

锯屑颗粒的长径比随着颗粒的径向断裂和管胞间分离使粉体的粒径逐渐减小，木粉的目数逐渐增大。采用有限元法计算胞间应力场，用平均胞间层正应力判据来确定管胞分离的应力大小。当平均胞层间正应力达到胞间层拉伸强度 σ_z^0 时，胞间层分离，即

$$\frac{1}{h}\int_{h-h_0}^{h} \sigma_z \mathrm{d}y = \sigma_z^0 \tag{5-5}$$

式中 h_0 为特征长度，可取细胞壁的厚度。

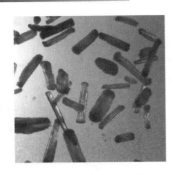

图 5 - 8　200 目木粉形态

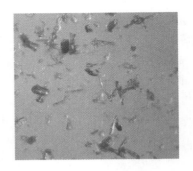

图 5 - 9　400 目木粉形态

此时也可以采用胞间层正应力和剪应力的复合型判据,即

$$\frac{\tau_{xz}^2 + \tau_{yz}^2}{(\tau^0)^2} + \frac{\sigma_z^2}{(\sigma_z^0)^2} = 1 \tag{5-6}$$

式中 τ^0 为细胞壁的剪切强度。

基于断裂力学的方法是利用简单的混合法,则在拉伸载荷下胞间层的分离起始应变

$$\varepsilon_{\text{C}} = \sqrt{\frac{2G_{\text{C}}}{t\left(1 - \dfrac{E^*}{E_{1am}}\right)\overline{E}_{1am}}} \tag{5-7}$$

式中　t——为胞间层的厚度;

E^*——为胞间层沿一个管胞壁或多个管胞壁面完全分离后若干组管胞壁的轴向模量;

$E_{1am}、\overline{E}_{1am}$——分别为胞间层的理论轴向模量和试验测得模量;

G_{C}——临界能量释放率。

其中

$$E^* = \frac{\sum\limits_{i=1}^{m} E_i t_i}{t} \tag{5-8}$$

式中 E_i 是管胞壁厚度为 t_i 的管胞的轴向模量。

单纯型受力时管胞间的层间分离判据为

$$\left.\begin{aligned} G_{\text{I}} &= G_{\text{IC}} \\ G_{\text{II}} &= G_{\text{IIC}} \\ G_{\text{III}} &= G_{\text{IIIC}} \end{aligned}\right\} \tag{5-9}$$

混合型受力时管胞间的层间分离判据为

$$\frac{G_{\text{I}}}{G_{\text{IC}}} + \frac{G_{\text{II}}}{G_{\text{IIC}}} + \frac{G_{\text{III}}}{G_{\text{IIIC}}} = 1 \qquad (5-10)$$

管胞受外力作用分离时主要承受的是 I 型和 II 型的力,因此可将式(5-10)简化为

$$\frac{G_{\text{I}}}{G_{\text{IC}}} + \frac{G_{\text{II}}}{G_{\text{IIC}}} = 1 \qquad (5-11)$$

5.2.2　超细木粉目数与细胞裂解间的关系

在评价粉体的粉碎加工工艺过程中原料颗粒的破碎比和单位能耗这两项是评价粉碎过程的重要技术参数。在原料颗粒的破碎比相同时,单位能耗越低,表明粉碎效果越显著,粉碎效率也就越高;而在颗粒粉碎单位能耗相同时,破碎比越大,粉碎效果越好,则粉碎效率也就越高。在进行粉体加工时粉碎参数的确定一定要综合考虑颗粒破碎比和单位能耗两个因素。当木粉粒径在 800 目以上时,单个颗粒内裂纹个数较少,如只简单增加外部施力方式很难使颗粒继续粉碎,因此需提高整体粉体加工设备的能量,图 5-10(a)所示为 800 目木粉形态。它与 400 目木粉相比,其相对粒径的长径的长度更短,但在宽度上尺寸变化不大,图 5-10(b)所示的 1 000 目木粉,这时颗粒的整体球形度更好一些。

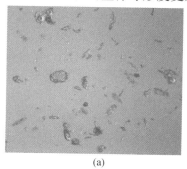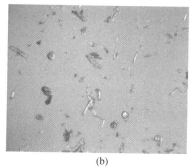

(a)　　　　　　　　　　　　　　(b)

图 5-10　较高目数的木粉形态

(a)800 目木粉形态;(b)1 000 目木粉形态

能量理论是研究颗粒断裂的有效分析方法,对于 800 目以上的木粉颗粒受到外部能量发生断裂时,由于木材细胞的结构特点,颗粒内原裂纹尖端处的裂纹扩展并不一定沿原裂纹面,而可能会沿着一个新的方向,形成裂纹分叉,使裂纹尖端发生钝化,纤丝间发生位错产生滑移。在加工过程中颗粒内裂纹所承受的载荷可能

是拉伸载荷、剪切载荷和扭转载荷（Ⅰ型、Ⅱ型和Ⅲ型载荷），即出现复合型裂纹。研究复合型裂纹的断裂，主要解决两个问题：一是裂纹在复合型载荷作用下，起裂后的扩展方向；另一个是裂纹进行扩展时载荷的临界条件，在这里主要应用能量释放率理论进行讨论。

　　木材细胞的结构形态决定了在加工过程中细胞壁的断裂形式，即加工过程中细胞壁上的裂纹形式及扩展，裂纹尖端的结构在受力过程中的变化不但决定了断裂能量而且还决定了裂纹扩展机理。在复合型裂纹情况下，计算单个颗粒断裂所需能耗较为困难，但颗粒中出现裂纹则会增加一个新表面，此表面具有表面能，系统所释放的能量 U 的一部分将会转化为表面能。根据能量的交换关系，可以得

$$\frac{\mathrm{d}}{\mathrm{d}A}(W - U) = \frac{\mathrm{d}}{\mathrm{d}A}S \qquad (5-12)$$

式中　W——外力功；

　　　A——裂纹表面面积；

　　　S——表面能。

　　将式（5－12）的左边可写为

$$\frac{\partial(W - U)}{\partial a} = G \qquad (5-13)$$

式中 G 为能量释放率，N/m。

　　G 是与结构的受力形式、裂纹尺寸和形式等有关的一个力学参数，G 为裂纹扩展一个单位长度时所需的力，也就是驱动裂纹扩展的原动力，所以又称为裂纹扩展力。颗粒发生断裂时，裂纹沿着能产生最大能量释放率的方向起裂扩展，且当这个方向上的能量释放率达到一个临界值时，裂纹起裂扩展。为了能计算裂纹分叉后的能量释放率，Nuismer 利用连续性假设，即认为裂纹分叉后，如图 5－11 所示，$\overline{a}$ 很小则可认为分叉后的裂纹尖端的应力、位移、应变场仍等于未分叉前该点原有的应力、位移场，即

$$\left.\begin{array}{l}
\lim\limits_{\Delta \overline{a} \to 0} \overline{\sigma_{\overline{y}}} = \sigma_{\theta}\big|_{\theta = \theta_0} \\[2mm]
\lim\limits_{\Delta \overline{a} \to 0} \overline{\tau_{\overline{xy}}} = \tau_{r\theta}\big|_{\theta = \theta_0}
\end{array}\right\} \qquad (5-14)$$

式中　$\Delta \overline{a}$——为分支裂纹长度；

　　　$\overline{x}, \overline{y}$——是以分支裂纹尖端为原点的新坐标系中的坐标值。

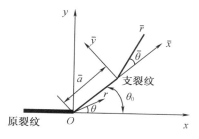

图 5-11　分叉后的裂纹

分叉后的裂纹能量释放率为

$$\overline{G} = \frac{1}{E'}(\overline{K}_I^2 + \overline{K}_{II}^2)\qquad(5-15)$$

式中 $\overline{G}$、$\overline{K}_I$、$\overline{K}_{II}$ 分别代表分叉裂纹的能量释放率和 I、II 型应力强度因子。并依据颗粒断裂判据中应力场的表达式可以得到分叉裂纹 I、II 型应力强度因子 $\overline{K}_I$、$\overline{K}_{II}$。

$$\overline{K}_I = \frac{1}{2}\cos\frac{\theta_0}{2}\left[K_I(1+\cos\theta_0) - 3K_{II}\sin\theta_0\right]$$
$$\overline{K}_{II} = \frac{1}{2}\cos\frac{\theta_0}{2}\left[K_I\sin\theta_0 + K_{II}(3\cos\theta_0 - 1)\right]\qquad(5-16)$$

分支裂纹沿 $\theta = \theta_0$ 方向的能量释放率为

$$\overline{G}_{\theta_0} = \frac{1}{E'}(\overline{K}_I^2 + \overline{K}_{II}^2)\qquad(5-17)$$

由此可以看出,对于一个受 I - II 型复合载荷作用的裂纹,开始分叉扩展的瞬间能量释放率取决于未扩展前的应力状态和分叉扩展的方向角。

依据裂纹能沿着产生最大能量释放率的方向起裂扩展条件,扩展角 θ_0 则由式 (5-18) 决定,即

$$\frac{\partial \overline{G}}{\partial \theta} = \frac{2}{E'}\left(\overline{K}_I\frac{\partial \overline{K}_I}{\partial \theta} + \overline{K}_{II}\frac{\partial \overline{K}_{II}}{\partial \theta}\right) = 0\qquad(5-18)$$

对比 $\overline{K}_I$、$\overline{K}_{II}$ 的表达式(5-16)与 I - II 型复合平面裂纹的尖端应力场极坐标的解(5-19),可将式(5-11)改写为式(5-13)。

$$\sigma_r = \frac{1}{2\sqrt{2\pi r}}\left[K_I\left(3 - \cos\theta\cos\frac{\theta}{2}\right) + K_{II}(3\cos\theta - 1)\sin\frac{\theta}{2}\right]$$
$$\sigma_\theta = \frac{1}{2\sqrt{2\pi r}}\cos\frac{\theta}{2}\left[K_I(1+\cos\theta) - 3K_{II}\sin\theta\right]\qquad(5-19)$$
$$\sigma_{r,\theta} = \frac{1}{2\sqrt{2\pi r}}\cos\frac{\theta}{2}\left[K_I\sin\theta + K_{II}(3\cos\theta - 1)\right]$$

$$\left(\sigma_\theta \frac{\partial \overline{G}}{\partial \theta} + \tau_{r\theta} \frac{\partial \tau_{r\theta}}{\partial \theta} \right) \Bigg|_{\theta = \theta_0} = 0 \qquad (5-20)$$

并可得 $\dfrac{\partial \sigma_\theta}{\partial \theta} = -\dfrac{3}{2} \tau_{r\theta}$，于是由式（5－20）可得

$$\tau_{r\theta} \left(\frac{\partial \tau_{r\theta}}{\partial \theta} - \frac{3}{2} \sigma_\theta \right) \Bigg|_{\theta = \theta_0} = 0 \qquad (5-21)$$

式（5－21）有三个根，且依据 $\dfrac{\partial \sigma_\theta}{\partial \theta} = -\dfrac{3}{2} \tau_{r\theta}$ 的关系，可得

$$K_{\text{I}} \cos \frac{\theta_0}{2} - K_{\text{II}} \sin \frac{\theta_0}{2} = 0 \qquad (5-22)$$

将式（5－22）代入式（5－16）、式（5－17）可求得相应 θ_0 方向的能量释放率为

$$\overline{G}_\theta = \frac{1}{E'} \left(\frac{K_{\text{II}}^4}{K_{\text{I}}^2 + K_{\text{II}}^2} \right) \qquad (5-23)$$

并将与式（5－24）联立可求解出满足裂纹开始分叉扩展的方向角 θ。

$$-\frac{2}{3} \frac{\partial \sigma_\theta}{\partial \theta} \bigg|_{\theta = \theta_0} = \tau_{r\theta} \big|_{\theta = \theta_0} = 0 \qquad (5-24)$$

满足式（5－24）所求得的方向角也就是 σ_θ 为最大值，θ 为其极值的方向。由式（5－19）、式（5－24）和式（5－16）可知，应有 $\overline{K}_{\text{II}} = 0$，因此由式（5－24）可得能量释放率为

$$G_{\theta_0} = \frac{1}{E'} \overline{K}_{\text{I}}^2 = \frac{1}{E'} \left[\sigma_0 \sqrt{2\pi r} \right]^2 \qquad (5-25)$$

为解决第二个问题，可假设在 $\theta = \theta_0$ 方向的能量释放率达到临界值 G_{C} 时起裂扩展，即 $G_{\theta_0} = G_{\text{IC}}$ 时为临界点，则能量释放率与应力强度因子之间的关系为 $G_{\text{IC}} = \dfrac{K_{\text{IC}}^2}{E'}$，也可写成 $\overline{K}_{\text{IC}} = K_{\text{IC}}$，将式（5－17）代入可得

$$K_{\text{IC}} = \frac{1}{2} \cos \frac{\theta_0}{2} \left[K_{\text{I}} (1 + \cos \theta_0) - 3K_{\text{II}} \sin \theta_0 \right] \qquad (5-26)$$

因此在加工超细木粉的过程中欲使目数高的粉体颗粒发生断裂，就是使颗粒上的原微观裂纹在外部能量的作用下沿其滑移面扩展形成多条支裂纹。颗粒在机器中经过反复加工吸收能量使颗粒继续破碎以达到要求的更高目数。

5.3　木粉目数与加工工艺分析

通过对不同目数木粉形态尺寸的比较可以得出,在用兴安落叶松锯屑进行超细木粉的加工试验过程中,木粉的目数随时间的变化并不显著,如图 5 - 12 所示。在加工开始就可得到目数较低的木粉,这是由于加工原料在加工过程中受到外部施加的机械能变成原料颗粒的应力能,应力能根据物质的几何形状和内部裂纹形式,使颗粒裂开而破碎。随着颗粒的破碎,颗粒的粒径越来越小,其内部裂纹大小和数量也变得越来越小和越来越少,如果外界施加的机械能不能满足更小颗粒的断裂能,则无论加工时间延长多少都很难使颗粒继续破碎。欲提高木粉的目数可以通过减小加工刀具刀片间距离,如图 5 - 13 所示。减小刀具刀片间距离可使木粉的目数有所增加,刀片间距与目数之间并非线性关系,刀片间距有一极值,当达到间距极值时,木粉目数就不再增加,同时刀具设计难度也增大。当高速旋转的刀具与颗粒之间产生高频率的碰撞并使颗粒与刀片间产生强剪切作用,使加工颗粒受到多次撞击和强剪切而粉碎,但在设计中如果只减小刀具刀片间距离而不能提高颗粒在加工过程中的碰撞速度,也很难提高木粉的目数。在试验中取一定量的锯屑进行加工,并将收集区所得木粉进行显微镜观测比较,可得出图 5 - 14 和图 5 - 15。随着目数的增加收集到木粉量就越来越少,但在 400 目左右出现极值。这是由于兴安落叶松早材管胞平均弦向直径 40 μm,晚材管胞平均弦向直径 36 μm,而 400 目颗粒的粒径大约是 38 μm,500 目颗粒的粒径大约是 25 μm。在收集到的 400 目左右的木粉时其中会有许多晚材细胞没有破壁,没有破壁的细胞所需的外部能量就较少,而总体占比例很大,而高于 400 目就需要细胞都破壁,则所需的外部能量就较大,而总体比例占得相对就较小。随着木粉目数的增加,细胞壁的完整度也就逐渐降低,目数越高细胞的完整度也就越差,则细胞壁上的显著特征纹孔的完整度也就越差。但从图中可以看出它们都呈线性增长关系,这与木材本身结构特点有关。欲加工出高目数的木粉仅提高加工设备的一项性能是不能够实现的,这需要提高整个试验设备的机械性能。

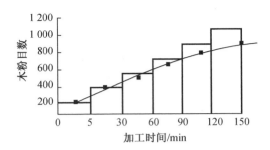

图 5－12　加工时间与木粉目数的关系

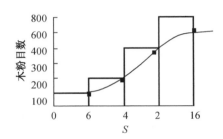

图 5－13　加工刀具的刀片间距离与木粉目数的关系

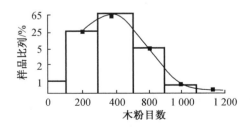

图 5－14　样品比例与木粉目数的关系

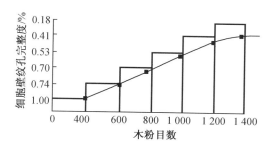

图 5 - 15　细胞壁纹孔完整度与木粉目数的关系

5.4　本　章　小　结

　　将传统木粉机加工的木粉与超细木粉机加工的木粉进行粉体粒径的比较,并将不同目数的木粉通过显微观测,确定出在加工初期锯屑颗粒主要受到的冲击力和剪切力,使锯屑颗粒内出现微裂纹,在外力作用下管胞间易产生分离,管胞间的分离破坏了针叶材在横断面上的蜂窝结构,可加工出的木粉目数较低。随着加工时间的延长粉体的粒径逐渐减小,木粉的目数逐渐增大,颗粒内裂纹数量越来越少,所需的单位能耗将不断增大,在颗粒内所含的纹孔和木射线这些位置处就容易形成应力集中,这些木材加工中的薄弱组织在外力作用增大时就会被破坏,木粉粒径进一步缩小,在较高目数加工过程中起主要作用的是摩擦力和剪切力,因此低目数的木粉棒状形态显著,而高目数的木粉没有尖锐的棱角且有一定的球形度。

117

第6章　木粉颗粒物性的试验研究

构成木材细胞壁的主要物质是纤维素、半纤维素和木质素。木材细胞壁中纤维素含量占一半以上,它是细胞壁的主要成分。纤维素是植物中的结构多糖,是一种线性的由 D - 吡喃葡糖基以 $\beta - 1,4$ 糖苷键连接的没有分支的同多糖。在纤维素中,纤维素分子以氢键构成平行的微晶束,由于微晶间的氢键很多,故微晶束相当牢固。由于纤维素含有大量羟基,羟基是纤维素分子中的功能基,氢键是纤维素结晶和吸水的基础。半纤维素主要由己糖、甘露糖、半乳糖、戊糖和阿拉伯糖等多种糖基缩聚而成的聚合度不大带有支链的聚合物。木质素是由苯基丙烷单元组成的芳香族化合物。木质素中存在多种官能团,主要有甲氧基、酚羟基、醇羟基和羰基等[111]。图 6 - 1 所示为不同目数的木粉形态图,从图中可以看出随着木粉目数的增加,木粉的颜色也逐渐加深。

(a)200目木粉　　　　　(b)400目木粉　　　　　(c)800目木粉

图 6 - 1　木粉形态图

这种颜色的变化可能存在的原因:①木质素自身的颜色为褐色[112],当将较粗糙的锯屑颗粒经超细木粉机加工后,颗粒粒径变得更小,颗粒的比表面积则变得很大,构成细胞壁的三种物质的比表面积也随之增加,因此木粉目数越高则颜色越深;②这可能是由于在加工过程中高目数的木粉加工时间长于较低目数的木粉。如果将细胞壁中的纤维素、半纤维素和木质素进行燃烧,将灼烧后的产物通过红外谱图检测,可知木材中三个主要组成的热稳定性:半纤维素最不稳定(225 ~ 325 ℃),纤维素在较高温度范围内分解(325 ~ 375 ℃),木质素则在较宽温度范围(250 ~ 500 ℃)内缓慢分解。对残留物继续加热,其谱图没有多大变化,并判断完全热解产物主要为焦炭[113]。木粉中含有大量的纤维素、木质素等含碳量高的多羟基化合物,会随着温度的升高热解脱水而有显著的炭化趋势[114-115];③以上这两种因素在加工过程都会出现,也可能存在二者共同作用的结果。在复合材料中含有的纤维素纤维量越多,在后续的应用过程中褪色也会越严重,但又可以增加材料的抗氧化性,可以使材料的整体稳定性增加[116]。在复合材料中随着木粉含量的增加弯曲强度曲线会出现一个最大值后开始下降,但弯曲模量曲线却会单调上升,拉伸模量也会提高,但拉伸强度却降低[117]。

颗粒的大小是粉体诸多物性中最重要的特性值。颗粒大小通常用"粒径"和"粒度"来表示。"粒径"指颗粒的尺寸,"粒度"通常指颗粒大小、粗细的程度。"粒径"具有长度的量纲,而"粒度"则是用长度量纲以外的单位,在超细木粉的制备中我们习惯用 Tyler 筛的"目"来表示木粉颗粒的大小。通常表示颗粒大小时常用"粒径",而表示颗粒大小的分布时常用"粒度"。粒径和粒度是颗粒几何性能的一维表示,是最基本的几何特征[118]。

木粉颗粒的形状大多呈棒状,在 200 目左右时外接长方体可测出其长 l、宽 b、高 h,但 200 目左右木粉不满足加工要求,如图 6-2(a)所示。对于 400 目、800 目、1 000 目以上的粉体满足加工要求,但用显微镜测量其粒径时可以忽略高 h,如图 6-2(b)、(c)、(d)所示。

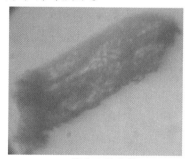

(a)200目左右的木粉

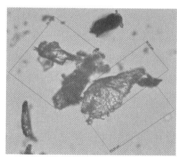

(b)400目左右的木粉

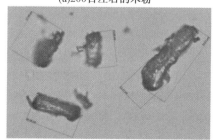

(c)800目左右的木粉

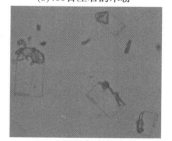

(d)1 000目左右的木粉

图 6-2　木粉粒径尺寸

6.1　木粉颗粒的统计粒径

　　粒径是用来表示粉体颗粒在空间范围所占据的线性尺寸大小的几何参数。粒径是粉体诸多性质中最重要和最基本的[119]性质之一。粒径的定义和表示方法由颗粒的形状、大小和组成的不同而不同。单颗粒平均粒径的主要计算方法有六种：①几何学粒径，分为三轴径和二轴径。当对一个颗粒作三维测量时，将其置于每边与其相切的长方体中，其三维尺寸恰好包围住颗粒，长度 l、宽度 b、高度 t 称为颗粒三轴径。几何学粒径可用于比较不规则形状颗粒的大小。②统计粒径，用显微镜投影几何学原理测量颗粒的粒径。测量时按颗粒置于平面上的最大稳定度进行测量粒径大小。③当量直径，等体积当量直径与颗粒体积相等的直径。④筛分径，当颗粒通过筛网并停留在细筛网上时，粗细筛孔的算术或几何平均值称为筛分径。还有比表面粒径和衍射粒径，这两种在本书中没有涉及。

　　统计粒径是显微镜测定的一个术语，是平行于一定方向测得的线度。在超细木粉的显微镜测量中用颗粒的长度和宽度两个方向来确定木粉颗粒的尺寸。现用显微镜观察 400 目木粉的 143 个颗粒样品。经测定最小颗粒的宽度为 5.07 μm，最大颗粒长度为 98 μm。观察 800 目木粉的 131 个颗粒样品，最小颗粒的宽度为 3.12 μm，最大颗粒长度为 57.15 μm。将被测定出来的颗粒按由小到大的顺序以 10 μm 的区间加以分组，分为 10 组，区间的范围称为组距，用 ΔD_p 表示。设 $\Delta D_p = 10$ μm，每一组区间的平均值用 d_i 表示，某一粒度范围内的样品颗粒数用 n_p 表示，样品总数用 N 表示，在样品中出现的百分含量（频率）用 $f(\Delta D_p)$ 表示，则 $f(\Delta D_p) = \dfrac{n_p}{N} \times 100\%$。将测量的数据整理，结果如表 6 – 1 和表 6 – 2 所示。

表 6 – 1　400 目颗粒大小的分布数据

h	$\Delta D_p/\mu m$	n_p	d_{min}	d_{max}	$d_i/\mu m$	$f(\Delta D_p)/\%$
1	< 10	6	5.07	5.95	6.38	4.19
2	10 ~ 20	25	10.09	19.11	15.33	17.48
3	20 ~ 30	30	20.25	29.92	25.20	20.98

表 6 −1（续）

h	$\Delta D_p/\mu m$	n_p	d_{min}	d_{max}	$d_i/\mu m$	$f(\Delta D_p)/\%$
4	30 ~ 40	30	30.09	39.95	34.79	20.98
5	40 ~ 50	11	40.95	48.12	45.82	7.69
6	50 ~ 60	15	51.20	58.23	55.12	10.49
7	60 ~ 70	11	60.64	67.60	63.50	7.69
8	70 ~ 80	7	70.28	73.36	71.62	4.90
9	80 ~ 90	4	80.89	86.91	83.90	2.80
10	90 ~ 100	4	97.46	98.00	97.67	2.80
总和		143				100

表 6 −2 800 目颗粒大小的分布数据

h	$\Delta D_p/\mu m$	n_p	d_{min}	d_{max}	$d_i/\mu m$	$f(\Delta D_p)/\%$
1	< 10	35	3.92	9.92	7.26	26.72
2	10 ~ 20	50	10.42	19.75	14.86	38.17
3	20 ~ 30	33	20.25	29.38	23.87	25.19
4	30 ~ 40	9	31.11	39.98	35.50	6.87
5	40 ~ 50	3	42.50	47.58	44.40	2.29
6	50 ~ 60	1	57.15	57.15	57.15	0.76
总和		131				100

　　根据表 6 −1 和表 6 −2 的数据分别绘制 400 目和 800 目粉体颗粒的频率分布直方图和曲线，如图 6 −3 和图 6 −4 所示。每个直方图的底边长度等于组距 ΔD_p，高度为频率 $f(\Delta D_p)$，底边的中点即为组的平均值。

　　粉体颗粒的形态对木粉物性有重要影响，木粉颗粒的长径比则是反映木粉产品形态的一个重要指标，同时也是间接反映锯屑粉碎程度的参数和评价木粉产品质量优劣的参数之一[120]。不同目数下木粉颗粒的长径比不同。以木粉粒径 10 μm 为一组距从图 6 −3、图 6 −4 中可以得出，400 目左右的木粉粒径主要分布在 20 ~ 40 μm 内，其他组距间的粒径随之逐渐减少。在 50 ~ 60 μm 内的粒径高于两侧可能是由于旋风分离器的理论计算分选粒径为 68.73 μm，加工初始时旋风分离器内壁无附着粉体且收集箱内各位置的收集袋中也无粉体，粉料相对运动的空间较大，在旋风分离器和磨削箱内气流的共同作用下细长的棒状颗粒有机会纵向从旋风分离器中分选出来而没有被再次沿旋风分离器的壁落入磨削箱中再次粉碎,而是进入粉体收集箱螺旋管中在离心风机作用下进行粉体的分级进入400目木粉收集袋中。随着加工时间逐渐延长,在磨削箱、旋风分离器和收集箱中粉体浓度也逐渐增大,细长的棒状颗粒在旋风分离器内的切割粒径也会趋于稳定,进入粉体收集箱螺旋管中的细长颗粒也就随之减少,则在木粉收集袋中的粉体粒径则与预期收集粒径大小相符[121]。

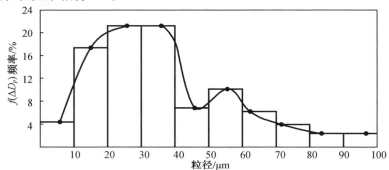

图6-3　400目颗粒频率分布的等组距直方图及分布曲线

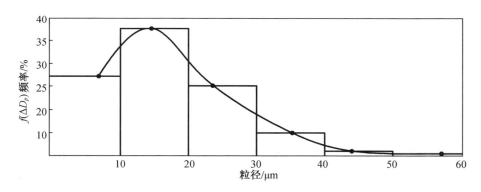

图6-4　800目颗粒频率分布的等组距直方图及分布曲线

加工初始时收集箱内存储的粉料很少,粉体在收集袋内有较大的空间,在离心风机的作用下发现长径比先随着给料速度增加而下降,当给料速度超过较高时,又开始上升。其原因可能是当给料速度较慢时,加工区内储存较少料,物料在加工区内有较大空间,物料能随着刀片运转;在运转的过程中,细长的木粉有较大机会纵向通过壁筛,而不能被进一步剪断,使其产品的长径比较大。随着给料速度增大,纵向通过筛孔的概率逐渐下降,产品的长径比对应有所下降。而当给料量较大时,挤压作用大大增强,绝大部分颗粒被挤出壁筛,且产生一定破碎,由于破碎的断裂面主要沿着纤维方向,故而整体长径比提高[122]。

对收集箱内不同目数的木粉进行取样称重,测量不同目数木粉所占比例,如表 6-3 所示。

表 6-3 不同目数木粉所占比例

目数	400	800	1 000
质量/kg	40.01	13.97	3.83
总质量/kg	57.81		
所占比例/%	69.21	24.17	6.63

6.2 木粉的堆积密度

粉体的堆积密度 ρ_B 定义为粉体的质量 M 除以粉体的堆积体积 V_B,则表示为

$$\rho_B = \frac{M}{V_B} \qquad (6-1)$$

粉体的堆积密度不仅取决于颗粒的形状、颗粒的尺寸与尺寸分布,还取决于粉体的堆积方式。常用的堆积密度有松动堆积密度 $\rho_{B,A}$ 和紧密堆积密度 $\rho_{B,T}$。松动堆积是指在重力作用下慢慢沉积后的堆积,紧密堆积是通过机械振动所达到的最紧密堆积。

由于粉体的松动堆积密度 $\rho_{B,A}$ 和紧密堆积密度 $\rho_{B,T}$ 受粉体堆积方式和堆积过程的影响。在测量松动密度时取定测量时容器的体积,被测粉体通过振动筛落入测量容器,称得容器内颗粒的质量即可得到粉体的松动堆积密度。振动筛的作用是使颗粒的聚团分散。当测量紧密堆积密度时,机械振动测量容器,当容器内的粉体位置不再下降时,停止振动,测量容器内粉体的质量和体积即可得到粉体的紧密堆积密度。木粉的松动堆积密度与紧密堆积密度相比,紧密堆积密度更接近于木粉的真密度,表 6-4 所示为木粉的紧密堆积密度。

表6-4 不同目数的木粉紧密堆积密度

200 目木粉

瓶号	瓶质量 m_0/g	瓶+粉质量 m_1/g	粉质量 m_2/g	粉平均质量 $\overline{m}/g$	瓶的容积 /mL	粉平均密度/ $(kg \cdot m^{-3})$
1	39.60	52.80	13.20			
2	39.63	53.27	13.64			
3	39.62	52.63	13.01	12.918	40	322.95
4	39.66	52.49	12.83			
5	39.61	51.52	11.91			

400 目木粉

瓶号	瓶质量 m_0/g	瓶+粉质量 m_1/g	粉质量 m_2/g	粉平均质量 $\overline{m}/g$	瓶的容积 /mL	粉平均密度/ $(kg \cdot m^{-3})$
1	39.60	54.79	15.37			
2	39.59	55.34	15.74			
3	39.58	54.98	15.38	15.698	40	392.45
4	39.59	55.98	16.38			
5	39.62	55.22	15.62			

800 目木粉

瓶号	瓶质量 m_0/g	瓶+粉质量 m_1/g	粉质量 m_2/g	粉平均质量 $\overline{m}/g$	瓶的容积 /mL	粉平均密度/ $(kg \cdot m^{-3})$
1	4.16	7.76	3.60			
2	4.18	7.74	3.56			
3	4.12	7.72	3.60	3.60	7.5	480.00
4	4.14	7.80	3.66			
5	4.17	7.75	3.58			

6.3　木粉颗粒的团聚性

团聚与分散是颗粒在介质中两个方向相反的行为。颗粒彼此互不相干,能自由运动的状态称为分散;在气相或液相中,颗粒由于相互作用而形成聚合状态称为团聚。颗粒间的团聚根据其作用机理可分为三种状态:凝聚体是指以面相接的原级粒子,其表面积比其单个粒子组成之和小得多,这种状态再分散十分困难;附聚体是指以点、角相接的原级粒子团族或小颗粒在大颗粒上的附着,其总表面积比凝聚体大,但小于单个粒子组成之和,再分散比较容易。凝聚体和附聚体也称二次粒子;絮凝是指由于体表面活性剂或水溶性高分子的架桥作用,把颗粒串联成结构松散似棉絮的团状物。在这种结构中,粒子间的距离比凝聚体或附聚体大得多。通过以上分析,木粉颗粒间的团聚属于附聚体。

当颗粒间的作用力远大于颗粒的重力时,颗粒的行为在很大程度上已不再受重力的约束,颗粒有团聚的倾向。颗粒的团聚有利的一面,是它能改善细颗粒的流动性、避免粉尘、易于包装等,但也有不利的方面,如使用前需要混合操作等。

由于颗粒的团聚性主要取决于颗粒间的作用力和颗粒间的重力之比,定义颗粒的团聚数 C_0 为

$$C_0 = \frac{F_{\text{inter}}}{mg} \qquad (6-2)$$

式中　m——颗粒的质量;

$\quad F_{\text{inter}}$——颗粒间的作用力,主要有颗粒间的范德华力、液桥力、静电力、烧结效应等。

范德华力、液桥力和静电力是造成颗粒在空气中团聚的最主要的原因,这三种作用力中静电力、液桥力和范德华力相比小得多。在空气中颗粒的团聚主要是由液桥力造成,而在干燥条件下颗粒的团聚主要由范德华力引起,因此在空气状态下,保持超微粉体干燥是防止团聚的重要措施。根据以往的研究,1 μm 的颗粒团聚强度约为 10^4 Pa,即约为 1 mH$_2$O,大于 1 μm 的颗粒将不会团聚。1 500 目左右的木粉粒径大约为 9 μm,因此试验制备的超细木粉在常态下不易团聚。经显微检测其团聚情况很少,在常态下主要考虑木粉间的范德华力。

通常颗粒是没有极性的,但由于构成颗粒的分子或原子,特别是颗粒表面分子和原子的电子运动,颗粒将有瞬时偶极。当两颗粒相互靠近接触时,由于瞬时偶极的作用,两颗粒间将产生相互吸引的作用力,称为范德华力。颗粒间的引力为

125

$$F = -\frac{A}{12Z_0^2}\frac{d_1+d_2}{d_1+d_2} \qquad (6-3)$$

式中"－"代表引力方向。

　　200 目以上的木粉颗粒大多呈棒状,现将其等效为圆柱状颗粒。无论从几何学还是物理学的角度,球是最容易处理的,因此在研究过程中大都以球为基础,把颗粒看作相当的球。与颗粒同体积的球的直径称为等体积球当量径。当圆柱体颗粒的高为 $2L$、直径为 L 时,其等效体积球当量直径为 $1.44L$。根据 400 目木粉的密度 392.45 kg/m³,可依据式(6－4)计算出不同粒径下粉体的质量。可计算出木粉在不同粒径下的团聚数,见表 6－5。

$$m = \rho v = 392.45 \times \frac{4}{3}\pi R^3 = 392.45 \times \frac{4}{3}\pi\left(\frac{1.44L}{2}\right)^3 \qquad (6-4)$$

表 6－5　400 目木粉不同粒径的颗粒团聚数及范德华力

d	10 μm	20 μm	30 μm	40 μm	50 μm	60 μm	70 μm	80 μm	90 μm	100 μm
C_0	1 450.00	361.99	160.89	90.50	57.92	40.22	29.57	22.63	17.87	14.48
F	0.89	1.78	2.66	3.55	4.44	5.33	6.22	7.10	7.99	8.88

　　由此可以看出,在空气状态下随着颗粒尺寸的减少,颗粒的团聚数急剧地增加。但将木粉超细化后,木纤维粒度很小,相应的羟基含量也就会大幅减少,木纤维颗粒的亲水性就会随之降低,将超细木粉置于干燥的条件下粉体的团聚性反而减小。在木塑复合材料中适量添加超细木粉可有效提高木粉与 HDPE 的相容性,还可增加木粉与塑料间的接触面积,如再添加改性剂则可使木粉与 HDPE 间的界面黏结力增强,从而提高木塑复合材料的宏观力学性能[123]。

6.4　本章小结

　　通过对不同目数的木粉形态、尺寸比较,目数越高的木粉颜色越深,这是由于目数高加工的时间也会较长碳化现象也就越明显。用天平测量木粉的密度其结果也是随着木粉目数的提高粉体粒径越小,其相应的密度也就越大。常态下的粉体间主要表现为范德华力,对不同目数木粉的范德华力计算结果表明超细木粉的团聚数值。超细木粉定义的粉体粒径在常态下不易团聚,性质稳定。

第7章 木粉粒径的检测方法研究

7.1 木粉生产流程中粒径检测方法

我国粉体工业现处于蓬勃发展时期,粉体粒度测量越来越受到研究工作者的重视。由于粉体粒径的检测受到经济成本、测试水平的限制。目前我国的小中型企业还很少在生产粉体的机器中配置在线粉体粒度检测装置,加工出的粉体通常是取样后送往科研单位或大专院校进行实验室测量,因此检测周期长不能及时发现生产问题提出改进措施[124-125]。当然随着对粉体应用的深入研究,研究工作者对粉体粒径的检测研发出了多种检测方法及仪器,但由于采用测量方法原理不同所测得的粒径结果可能大相径庭,在实际粉体生产过程中进行在线检测的仪器和设备更是凤毛麟角,因此在粉体生产过程中粒径检测的研究还是有待于进一步开发和研究。在实验检测粉体的粒径时大都采用微纳粒径的表示方法,本实验研究中的超细木粉粒径都在微米级,因此这里的微纳级木粉与超细木粉等同。

7.1.1 粉体粒径的检测方法和仪器

1.直接观察法

利用放大投影器或光学显微镜、电子显微镜进行观察或测量各种形状参数。这种方法将颗粒投影的最大宽度定义为颗粒直径,借助于显微镜将颗粒放大后,用人工方法测量和累计,然后将累计结果与标准要求相对照,以确定是否满足标准。这种方法比较原始,劳动强度大且受人为因素影响大,不能给出详细客观的粒度分布,但优点是直观,可直接观察粉体的结构与形状。

2.颗粒图像处理仪

这种方法与直接观察法类似,只是将粉颗粒经显微镜放大,再用图样采集卡摄入到计算机中,计算机再按用户的要求按颗粒直径的最大宽度或等面积圆换算出每个颗粒的大小并统计样品的粒度分布。这种方法与直接用显微镜观察相比,避免了人工测量,且能给出详细的粒度分布。还有它能按等面积方法来给出颗粒的粒度分布,这是其他方法不可能做到的,但这种测量方法受粉体数量的限制。

3. 沉降法

有重力沉降法和离心力沉降法。重力沉降法测量设备有比重计、比重天平、沉降天平。可以用可见光透过式,也可用 X 射线透过式。这两种方式均以颗粒在液体中的沉降速度与颗粒直径的平方成正比的原理作为理论依据。颗粒直径不同,沉降速度也不相同。测出不同大小颗粒沉降相同的距离所需的时间,再通过数据处理获得颗粒的粒度分布。这种方法比人工观察测试要方便得多,但仍然要花较长时间,且测量过程中操作较烦琐,不适合生产现场的在线检测。离心力沉降法测量原理与重力沉降测量原理上相同,只是在测量过程中借助于离心机械的帮助,加快测试速度。

4. 库尔特粒度仪

用此种仪器进行颗粒粒径的检测,其原理为将粉体样本在电解液中充分分散后在仪器中让粉体的颗粒一次通过一个小孔,小孔内外设置一对铂电板,并施以恒定的电流,当孔内没有颗粒时,小孔电阻为固定值,当颗粒通过小孔时,由于颗粒占据了小孔的部分体积,使小孔的电阻变大,从而在两个电极之间产生一个电脉冲。颗粒直径 d 与通过小孔时产生的电阻增量成正比,所以电脉冲的大小也与颗粒直径相关,通过记录脉冲幅度与数量可求出颗粒的大小和分布。显然,这种方法测试速度快,由于是对粉体颗粒逐个测量,而且颗粒数量大于 10^5 个时,则测量精度高,分辨率高,但这种方法测量的范围较窄,只有 $2 \sim 40\ \mu m$,而且小孔容易堵塞。

5. 激光粒度仪

这是目前全世界最流行,最为先进的颗粒测试仪器,它是利用微小颗粒对光的散射现象即粉体颗粒越少散射角越大的原理进行测量颗粒的大小分布。激光粒度仪分为湿法检测和干法检测。湿法检测的特点是精度高、范围大,但检测前需取样然后放在水或其他液体介质中充分分散后再放在光路之间进行测量,这种湿法测量不适用于在线生产检测,尤其是有些粉体是不适合用水作为分散介质。干粉激光粒度仪测量,以空气作为分散介质采用空气压缩系统提供清洁高压的气源,干粉被取样后,是由电气控制电路操作,将待测样品成喷射状态经过测量区域,在该区域粉体样品完全处于分散状态,经过测量区后再由收尘系统收集。干粉激光粒度仪的测量范围已达 $0.5 \sim 300\ \mu m$。

7.1.2 常用粉体粒径检测指标

1. 粉体粒径分布表示方法

粒径是表示粉体颗粒尺寸大小的几何参数。但绝大多数的粉体颗粒其形状都是不规则的几何体,我们在粉体颗粒测量中把被测粉体颗粒等效成同质量球体的直径作为被测颗粒的粒径。一种粉体样品中的粉体颗粒大小各不相同,所以在测量和评价粉体时需要用粒度分布 曲线才能较为全面的描述粉体的整体颗粒大小,即测出种粒径大小的粉体颗粒占粉体总量的比例[126]。粉体粒径通常按颗粒大小顺序将粉体分为若干等级以各级颗粒粒径占总体质量的百分数表示。实际检测中粉体粒径的特征参数常用颗粒的微分分布或累积分布与粒径间的关系量来表示,如图7-1所示。图7-1中所示的微分分布通常是指粒径的频率分布,即指粉体颗粒在某一粒径范围内颗粒质量占颗粒群总质量的百分比;累积分布则通常大于或小于某一粒径的颗粒质量占颗粒群总质量的百分数。

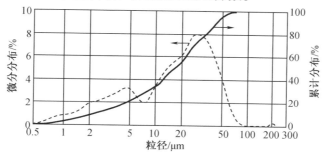

图7-1　粉体粒径分布曲线

2. 粉体特征粒径

粉体粒径的简约表示方法为特征粒径,它用来描述平均粒径和粒度分布,一般定义为代表某一粒径区间上颗粒的平均粒径。由于粉体颗粒形状不同而在检测时又难有较为统一的评价,所以将颗粒假想为一球体,用球体的直径来表示粉体颗粒的粒径。通常在粒径检测后绘制粒径分布曲线时用中位径(样品中大于和小于此粒径值的颗粒各占50%的颗粒直径)并用一对边界粒径来表示粉体被测样品的上下限。现在测量粒径较为精确的激光粒度仪国际标准建议用 D_{50}、D_{90}、D_{10} 来表示粉体的中位径、上限径和下限径来衡量粒径分布。

3. 粒径在线检测系统分析

粉体粒径在线检测分析是指在制备粉体的生产过程中对粉体进行实时粒度检测分析。在线粒径检测分析与离线实验室分析相比它更具有实时性、连续性和智能性。对提高粉体质量、节能降耗、实现粉体自动化的必备条件[127]。

粉体粒径在线检测分析主要包含的重要组成部分:①在线取样器,将管道中流动的粉体连续取出样品供测试,管道内条件不同取样方法也不同;②在线分散,对取出的样品流需进行充分分散才可能进行测试;③粒度测试系统,根据加工粉体种类选择不同的粒度测试方法,如激光散射法、动态图像分析法、超声吸收法等;④样品回收系统,检测过的样品重新送回给粉体输送管道以节约资源;⑤信息传输系统,颗粒测试过程的操作控制,测试结果的数据,均需通过信息传输系统连接,以达到双向控制的目的。图7-2所示为微米级粉体分级生产在线粒径检测系统。

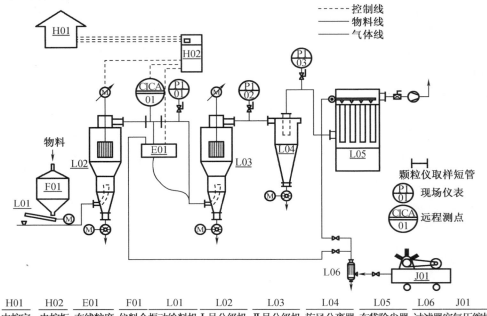

H01	H02	E01	F01	L01	L02	L03	L04	L05	L06	J01
中控室	电控柜	在线粒度仪	料仓	振动给料机	I 号分级机	II 号分级机	旋风分离器	布袋除尘器	过滤器	空气压缩机

图7-2 微米级粉体在线粒度检测系统

图7-2所示的系统由振动喂料器机、二级粉体分离分级、旋风分离器、收尘系统和引风机组成。空压机用于为收尘系统提供反吹和为在线测试提供洁净空气。取样点设在一级分级机细粉出口,控制点为分级机叶轮转速。该系统设有现场控制柜,用于现场操作与粒度分布的随时显示,系统信号同时可以通过光缆与中央控制室相连。取样系统从管道中连续取出有样品经分散系统后送入激光粒度监测仪,检测过的粉末经回收系统送回管道;测试数据在电控柜上显示,同时可将数据传送到粉体生产的中央控制室[128]。粒度在线检测结果可用来控制分级机电机的转速,达到稳定分级的目的。为使粒度分析能够在现场恶劣环境下工作,还配备防尘、抗震、防爆、光路系统保护等各种辅助系统。

粉体作为复合材料的填料已被广泛应用到各个行业中,粉体粒度的大小对复合材料的强度、韧性及整体性都有很大的影响。在粉体加工中发现相同的加工生产条件下,粉磨能耗与颗粒的表面积成正比,颗粒粒径越小其单位质量所消耗的粉磨能量就越多,因此在粉体生产过程中对其进行在线检测并能实时调整粉体机械的运转状态,掌握好过磨率则对节能降耗与保护环境都具有十分重要的意义。

7.2 木粉颗粒的输运和沉积特性

微纳米固体颗粒两相流在自然界中极为常见,微纳米颗粒两相流的输运与沉积现象存在于材料、化工、轻工、医药、食品、制冷等领域[129]。将木材在加工过程中产生的余料木屑、木片、刨花、木丝等进行微纳米加工后可形成高附加值产品而被广泛用于各行业中[130]。在日本将木、麻纤维加工到 10 μm 左右即可用做无黏结剂板材的黏合剂,且在研制复合材料的过程中发现木粉的粒径越小,其黏度就越高[131-132]。根据微纳木粉粒径的大小,可将其添加到胶黏剂、电器的机壳、汽车内饰件、喷涂材料中形成可降解的环境友好的材料[133-134]。由于微纳米木粉颗粒的粒径较小,颗粒会牢固地黏附在它们所接触到的任何表面上,在分离与收集过程涉及粉体颗粒的耗散,因此对加工设备器壁内上木粉的沉积分析具有实际意义。本书以超细加工的木粉为研究对象,分析木粉颗粒在加工设备上粉体的输运和沉积特性。

7.2.1 超细木粉实验

1. 实验原料

微纳米木粉制备过程主要的加工原料为落叶松锯屑,原料购于哈尔滨松北木材综合加工厂。原料中会夹杂许多树皮、小木片、土块及各种杂质。在实验加工前原料筛选出来,并进行干燥处理,干燥后锯屑含水量为 4%。

2. 实验仪器

电热鼓风干燥箱,WH – A – 12,南京沃环科技实业有限公司;微纳米木粉机由课题组人员自行设计加工;Quanta200 环境扫描电子显微镜 ESEM,美国 FEI 公司;电子分析天平,AL204 0.1 mg,梅特勒—托利多仪器上海有限公司。

3. 制备

取 5 kg 落叶松锯屑经 2 mm 的筛子筛选,去除土块、树皮、铁屑等杂质,经电热鼓风干燥箱干燥 30 min 后,放入微纳米木粉机进行加工 1 h。微纳米木粉的制备过程如图 7 – 3 所示。

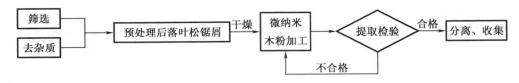

图 7 - 3　微纳米木粉制备过程

4. 样品的性能及表征

（1）扫描电子显微镜

制备的微纳米木粉的微观形态采用扫描电子显微镜进行观察测定样品的表面形态和结构,对不同目数的微纳米木粉进行形态结构分析。

（2）电子秤

通过对样品精确的测量,分析不同粒径的木粉所占比例,加工过程对木粉粒径的影响。观察分析在不同加工条件下微纳米木粉粒径的变化及所占比例的变化。

7.2.2　颗粒沉积的主要作用力

1. 流场中颗粒的主要作用力

为了研究微纳米木粉颗粒的运输与沉积特性,对单一颗粒的运动轨迹描述采用拉格朗日模型,即确定出作用于单一木粉颗粒力的大小,依据牛顿第二定律,确定颗粒的速度和运动轨迹。微纳米颗粒在运动流场中受到的力可分为确定力和随机力两类。确定力为流场中的流体对颗粒的拖曳力、重力、浮力、颗粒与颗粒间的范德华力、颗粒与流场中壁面间的范德华力,而随机力有流体和颗粒随机碰撞、颗粒与颗粒随机碰撞所产生的随机力[135-143]。

流体对颗粒拖曳力为

$$F_{\text{drag}} = \frac{3\pi\mu d_{\text{p}}(u_{\text{f}} - u_{\text{p}})}{C_c} \qquad (7-1)$$

式中　μ——流体黏性系数;

　　　d_{p}——颗粒直径;

　　　u_{f}——流体速度;

　　　u_{p}——颗粒速度;

　　　C_c——Cuningham 滑移修正因子。

$$C_c = 1 + \frac{2\lambda}{d_{\text{p}}}\left[1.142 + 0.558\exp\left(-0.999\frac{d_{\text{p}}}{2\lambda}\right)\right] \qquad (7-2)$$

式中 λ 为空气分子的平均自由程,其值取为 65 nm。

重力的表达式为

$$F_g = \frac{\pi}{6} d_p^3 \rho_p g \qquad (7-3)$$

式中 g——重力加速度；

　　ρ_p——颗粒密度。

浮力表达式为

$$F_b = \frac{\pi}{6} d_p^3 \rho_f g \qquad (7-4)$$

式中 ρ_f 为流体密度。

颗粒与壁面间的范德华力为

$$F_{vdw} = -\frac{2A_H}{3} \frac{r_p^3}{S_3^2 (S_3 + 2r_p)^2} n \qquad (7-5)$$

式中 r_p——颗粒半径；

　　S_3——颗粒与壁面的最短距离；

　　n——颗粒与壁面垂直的法向单位矢量；

　　A_H——为 Hamaker 常数，和颗粒的物质特性和极化率有关，一般取 $10^{-20} \sim 10^{-19}$ J。

2. 流体对颗粒随机碰撞的随机力

在微纳米木粉的分离与分级过程中，随机力 F_{stoch} 是输运流场内的气流体和木粉颗粒碰撞所产生的随机力，当木粉的颗粒小于 $10~\mu m$ 时 F_{stoch} 可使木粉颗粒进行布朗运动。依据 F_{stoch} 对颗粒的作用可计算出颗粒的平均位移

$$\overline{x^2} = \frac{2k_B T}{3\pi \mu d_p} t \qquad (7-6)$$

式中 x——颗粒位移；

　　T——温度；

　　k_B——Boltzmann 常数；

　　t——时间；

　　μ——流体的黏度系数；

　　d_p——颗粒直径。

由式（7-6）计算出颗粒位移的均方差，然后通过随机取方向，就可以得到颗粒在随机力作用下的位移。

根据牛顿第二定律，建立颗粒运动方程：

$$m_{\text{p}} \frac{\mathrm{d}u_{\text{p}}}{\mathrm{d}t} = F_{\text{drag}} + F_{\text{stoch}} + F_g + F_{\text{b}} + F_{\text{vdw}} \qquad (7-7)$$

$$u_{\text{p}} = \frac{\mathrm{d}x}{\mathrm{d}t} \qquad (7-8)$$

式(7-7)中等式右边的各力可求式(7-1)至式(7-5)求得颗粒的运动速度，将式(7-7)、式(7-8)联立就可求解出颗粒在流场中的位置。

3. 流场条件与试验结果

图7-4所示为圆管径向示意图，根据壁面与颗粒间的范德华作用力，将管道中的流场分为两个区域，靠近壁面的为区域1其余的为区域2。设管壁为光滑界面，直径为D，x方向为流体运动方向，y方向垂直于流体运动方向，木粉在圆管内输运的流场为层流时，粉体的运动速度形状曲线为对称于中心线的抛物线且弯曲方向与x方向一致。在试验测试中管壁直径D为24 mm，38 μm木粉密度实验测量结果$\rho_{\text{p}} = 351.2$ kg/m^{3}且将颗粒视为均质粒子，空气密度取为$\rho = 1.293$ kg/m^3。试验测试后木粉沉积在管道截面如图7-5所示。

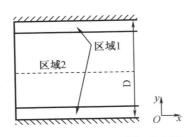

图7-4　管道径向流场示意图

图7-5　管道截面木粉沉积图

7.2.3　实验结果分析与讨论

对图7-4中所示管道内上、下壁面木粉厚度测量并对木粉取样进行粒径测试。结果表明，管道上壁木粉厚度约为1 mm，下壁木粉厚度约为1.4 mm，显微镜观测木粉粒径从6.5 μm至75 μm之间不等，但40 μm左右木粉所占比例较大。这与实验加工时喂料速度、喂料量、加工时间、刀具间距、使用时间及木粉分离、收集箱内的压力大小等都密切相关。

1. 颗粒直径与附壁量的关系

微纳米级木粉颗粒的沉积主要是指从加工设备的分离流场中分离出的不再跟

流体继续运动的木粉颗粒。由于颗粒粒径小、比表面积大、质量小等特点,颗粒的沉积包括重力沉积、湍流扩散沉积和输运过程沉积等,其中粒径小于 10 μm 的颗粒也可能会发生布朗扩散沉积。在加工设备的管道壁上取木粉颗粒样品进行显微镜观测,木粉颗粒的粒径范围为 6.5 ~ 75 μm。在加工过程中圆管直径为 32 cm,微纳米木粉的加工时间分别为 2 h 与 4 h,且设加工时的进风量使颗粒的质量流率为 0.05 kg/s 及流场的 Reynolds 数为 60。木材本身是高韧性、高强度材料,将其加工的越为细小其细胞壁结构特点使得加工难度越大,木粉颗粒粒径也是非线性非均匀的增大或减小。图 7 − 6 所示的 N 表示木粉附壁颗粒数,d_p 为木粉粒径,它们呈非线性变化趋势。

在图 7 − 6 的(a)、(b)中可以看到,当颗粒粒径较小时,随机力对颗粒运动的影响很大,颗粒会做布朗运动且程度较为激烈,颗粒容易附着到壁面上,或者运动到距壁面较近的位置再与壁面的范德华力作用进而附着于壁面,且上、下壁面的附壁颗粒数量差异不大。当颗粒粒径逐渐增大时,随机力作用减小,颗粒自身的惯性力增大,进而使得附着到壁面的颗粒数逐渐减小,但随着颗粒粒径的增加,粒径较大的木粉颗粒重力作用开始逐渐增加,致使较大粒径的粉体的颗粒都沉降到下壁面,在木粉粒径为 38 μm 处为上、下壁面颗粒沉积的分界点,随着粉体粒径的逐渐增加管道上、下壁面木粉颗粒沉积的数量差别就越加显著,以致最后再进行测量管道壁面沉积的木粉厚度时差距显著。在加工时如果减少喂料量、降低喂料速度时及延长加工时间时木粉粒径将差别更大,上、下管壁沉积厚度差距将更为明显。

从图 7 − 6 的(c)、(d)中可以得出,木粉的粒径越小附着到上壁面的颗粒数就越多,当木粉颗粒粒径逐渐增大,则附着到管道上、下壁面的数量就逐渐减少。当木粉颗粒的粒径在 38 μm 以上时,木粉颗粒会由于重力的作用直接沉降到管道下壁面,下壁面颗粒数量会比上壁面增多。当分离的木粉流体密度大且加工时间较短时,下壁面沉降的颗粒数量将会更多;而附着到上壁面的木粉量将一直随着木粉粒径的增大而降低,且无回升现象。当喂料量增大、加工时间延长且流体密度增加时,附着到下壁面的颗粒数减少,而附着到上壁面的颗粒数则增多。当加工时间延长,附着到下壁面与上壁面的颗粒数量差异逐渐减小,即下壁面与上壁面的附壁颗粒数比值将变小。

2. 颗粒附壁量与流场速度的关系

对器壁上木粉沉积的结果分析,颗粒的附壁量与流场中颗粒的运动速度与浓度相关。微纳米级木粉颗粒在流场中运动时被惯性碰撞收集的可能性很小,流场中的颗粒大部分都顺着流体的流线继续向前运动,只有小部分颗粒则在流体中空气分子的撞击下以流线为中心在其附近作不规则的运动。圆管中流动的木粉会受到管道内运动流体对粉体颗粒的拖曳力,它与运动流体和颗粒的相对速度关系如式(7－1) 所示。

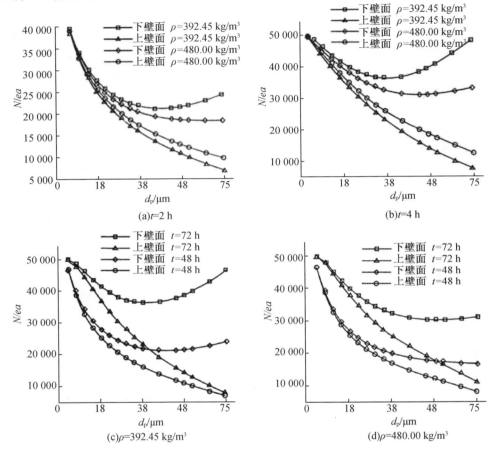

图 7－6　颗粒直径与附壁颗粒数的关系

流体的流动速度与颗粒的附壁量之间的关系如图 7－7 所示。从图 7－7 中可以看出,在不同流动速度下木粉颗粒的附壁量变化较小,即在进行不同粒径的木粉收集中,木粉体的制备设备所施加的通风量对木粉颗粒附壁量的影响不大。这是由于在层流场中流体对粉体颗粒的拖曳力主要是对影响粉体的水平运动,而在垂直方向上粉体的运动及附壁量没有太多的影响。

3. 木粉颗粒输运与沉积过程分析

在对微纳米木粉颗粒的输运和沉积特性分析中可知,颗粒附壁量的多少受颗粒粒径的影响较大,当木粉颗粒粒径小于 10 μm 时要综合考虑颗粒在管道内输运过程中受到的各种作用力影响,它对加工管道上部沉积影响较大。而当木粉粒径大于38 μm时重力作用是使得颗粒沉积的主要原因,且主要沉积在加工管道下部。在层流状态下流动速度与分离木粉的送风量大小对木粉在垂直壁面上的沉积影响较小。研究结果表明:

(1)木粉颗粒在圆形管道上、下壁面上的沉积率不同。在输运管道上壁面颗粒的沉积率小于下壁面的颗粒沉积率。在分析颗粒样品的粒径范围内,木粉颗粒在管道上壁面颗粒沉积速率先增大后降低,在管道下壁面颗粒的沉积率是随着颗粒的粒径增加而增大。

(2)木粉粒径对管道上、下壁面木粉的沉积影响较大。对下壁面沉积影响较大的主要是大粒径的颗粒沉积起主导作用的是重力,使得在有限时加工时间内下壁面沉积率大于上壁面,这也是大粒径颗粒在上壁面沉积小的主要原因。

(3)流场流速对颗粒在管道内上、下壁的附壁量影响较小。

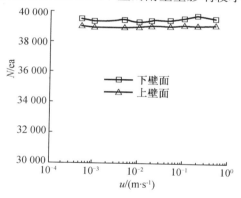

图7-7　颗粒附壁量与流场速度的关系

7.3　木粉粒径在线检测系统设计

由木材自身所具有的特点,使超细木粉在现代工业生产和加工中起着越来越为重要的作用[144-145]。利用天然木材的加工废料,如木屑、木粉等进行超细化表面处理后与合成树脂共混,生产的木塑复合材料可应用在建筑、交通运输、农业及生活产品设施领域中[146]。随着木粉生产过程中粉体粒径逐渐减小木纤维强度逐渐增大、性能不断提高,木塑复合材料产品应用已扩大在汽车上,如美国"福特"、德国"奔驰"、日本"丰田"等轿车的内装饰基材均在不同程度上使用了WPC材料。

在日本将木质微纳纤维为添料正在研制汽车车体用的高性能纤维类结构材料,来降低汽车车身的重量,以达到节油降耗的目的[147]。超细木粉作为生产加工的添料具有不易与其他物质产生反应,且耐酸性、碱性及抗腐蚀能力都很强,将它添加在生产工业中,可提高产品的性能、稳定性并具有降低产品成本的优势[148]。本书主要研究超细木粉在线粒径检测方法,旨在实现常温、低湿、负压状态下木粉的超细粉碎作业,解决物理机械粉碎技术中木粉的颗粒范围大、小颗粒木粉团聚、吸附等现象。

7.3.1 超细木粉粒度在线系统检测理想控制特性

1. 超细木粉加工设备

超细木粉的加工原料是需经干燥处理后的锯屑,它是高韧性的纤维类材料[149-152]。在超细木粉的加工中需要强剪切力和研磨力才能使木材的细胞壁在瞬间被破坏且可使细胞壁上的纤维剥离、撕裂使其加工木粉的粒度达到最大。图7-8所示为微纳米木粉制备系统结构图。该机器是由本项目组成员研发完成的。加工原料在磨削箱2内进行超细研磨,加工一段时间后高速旋转的气流会将粒度较高的木粉送入螺旋分离器5中,对离心风机9和11进行速度调整,随离心风机转速不同木粉收集箱7内的负压发生变化,则达到收集到木粉粒度由低至高且在一定范围内可调节的目的。

2. 木粉在线检测装置

在以往的试验中检测木粉粒度大都使用电子显微镜进行观察或测量不同粒度木粉的形状参数。这种方法将颗粒投影的最大宽度定义为颗粒直径,借助于显微镜将颗粒放大后,用人工方法测量和累计,之后将累计结果与标准要求相对照,以确定是否满足标准。这种方法比较原始,劳动强度大且受人为因素影响大不能给出详细客观的粒度分布,但优点是直观,可直接观察粉体的结构与形状。而本项目开发的超细木粉在线粒度检测系统,可以使超细木粉的粒径大小、分布及所占比例等重要参数与收集的加工环境温度、湿度等进行动态数据分析,最终获得较为精确的在线检测样品粒度分布和百分比,实现超细木粉自动化加工与检测,为此在图7-8中的连接件6位置处安装木粉粒度在线检测装置,如图7-9所示。静电传感器是南京大得科技有限公司生产的PCM-2000,在超细木粉机连接管道轴向的内、外两侧安装两个静电传感器并使它们之间有一定的距离,两个静电传感器上的探头3都深入管道内部,使其与管道中流动的木粉4相接触。将检测到的电流值通过数据导线6与模数转换单元5相连接,检测电流是模拟量通过转换单元将其放大并转换为计算机7可识别的数字量。

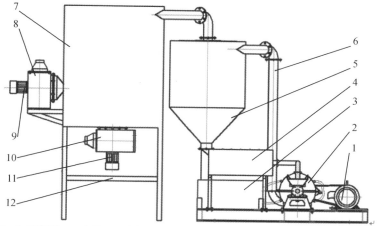

1. 电机；2. 磨削箱；3. 水箱；4. 木粉冷却箱；5. 螺旋分离器；6. 连接件；7. 木粉收集箱；
8. 一号除尘器；9. 一号离心风机；10. 一号除尘器；11. 二号离心风机；12. 支架。

图 7 - 8　超细木粉机结构图

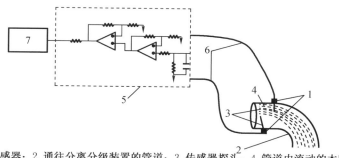

1. 静电传感器；2. 通往分离分级装置的管道；3. 传感器探头；4. 管道内流动的木粉；
5. 模数转换单元；6. 数据传输电缆；7. 计算机。

图 7 - 9　木粉粒度在线检测装置示意图

3. 木粉在线检测原理分析

　　超细木粉的加工原料为颗粒粗大的锯屑,它在超细木粉机中被加工砥石进行研磨、碾压成接近于细胞级的木粉颗粒,因此木粉的生产、输送和储存过程中都会发生木粉粒子间的摩擦、搅混、筛选以及高速运动等现象,木粉颗粒和管道壁面间发生碰撞、摩擦、分离及木粉颗粒与颗粒之间发生的碰撞、摩擦和分离。这样大量的紧密接触和分离过程能够使木粉自身带上一定数量的静电荷,在传输管道内会形成木粉粒子电荷流,并假设在运输管道内木粉粒子和输送气体间形成稳定的气固两相流且沿管道的径向流动。这些木粉粒子所带的电荷微团在传感器探头的电极上将引起感应信号和摩擦电荷,这些量经叠加将会在传感器的输出端检测到相应的电压信号,木粉粒径在线测量装置就是以传感器感应的感生电流、电压信号来作为检测量进行实时数据传输与处理。经研究发现检测信号的大小与流经检测端的木粉颗粒质量、大小、浓度有关,因此通过对感生电流、电压信号的分析处理就可以反映出木粉颗粒的粒度、浓度大小[153-154]。木粉颗粒粒径不同,所带的电荷量大小就不同,当粒度不同的木粉颗粒流经金属探头时,感生电流信号功率密度谱的谱特征就有所不同,装置使用高速高性能数字信号处理 DSP 进行数据采集,每秒可对10 000 个木粉颗粒进行统计,经过数字信号处理技术和快速功率密度谱变化分析,就可以测出相对木粉细度,而不间断的连续测量可得到准确的木粉颗粒粒度变化情况,经过现场或实验室标定即可得到木粉粒度百分比绝对值。

在传输管道轴向上安装两个距离较近的静电传感器 PCM - 2000,两个传感器上采集到的信号波形、幅值都非常相近,对采集信号进行相关函数的计算可得出两个传感器的时间差,并依据粉体的速度、密度、质量流及感生电荷的大小即可求出木粉颗粒的大小、传输速度及换算后的粉体浓度。图 7 - 10 所示为传输管道上两个静电传感器检测的电压信号图。

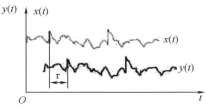

图 7 - 10 两路传感器检测信号

$$v = s/\tau \tag{7-9}$$

式中 s——两传感器间的安装距离;

τ——两路传输信号的延迟时间;

v——木粉流动速度。

传输过程中带电木粉在静电传感器探头处的感应电流大小与流经探头木粉质量流的近似函数关系如式(7 - 10)所示[155-156]。

$$i = k_1 Mv^n + k_2 QM \tag{7-10}$$

式中 k_1——粉体流速常数;

k_2——材料系数;

M——粉体质量流;

v——木粉流动速度;

n——材料常数(通常为2)；

Q——电荷感生系数；

i——感生电流。

$$m = f(v) \frac{i_1}{i_1 + i_2} \qquad (7-11)$$

式中　m——木粉粒径；

$f(v)$——速度修正函数；

i_1——传感器1应生电流值；

i_2——传感器2应生电流值值。

静电传感器采集的感应电流、电压数值只取决于管道内粉体产生的电荷场,电荷场的大小与粉体质量流的大小、流速相关,测量数据不受木种、温度、灰分、黏性、压力、流速等因素的影响,测量数据可靠性高。

7.3.2　超细木粉在线测量系统设计

1. 超细木粉机的工作特性

项目组成员自行设计的超细木粉机经多次加工不同粒度的木粉可总结出其运行规律,即超细木粉机的工作特性曲线,如图7-4所示。从图7-11所示的2条曲线可以看出,曲线1表示木粉机的加工功率,它不是随着其加工木粉粒度的增加而单调增大,而是出现一个最大值后开始随着木粉粒度的增大开始减小;曲线2表示木粉机的给料速度曲线,木粉机的给料速度较小时,机器加工的有用功不断增加,当加工的粉体粒度达到800左右目时,维持机器运转的功率开始增加而对加工原料进行研磨和剪切的有功功率则开始下降,在800目时出现一极大值,并在大于800目时随着给料速度的增加木粉粒度反而开始下降,因此木粉机在运行过程中,木粉机的加工功率、给料速度与木粉粒度之间存在着极值特性。

2. 超细木粉机系统自动控制设计方法

为实现超细木粉机能自动生产出符合粒度要求的木粉,采用双层控制结构来实现木粉机的实时检测[157-163]。双层控制中的下层应用多维模糊控制算法,上层应用自寻优算法,其控制框图如图7-12所示。

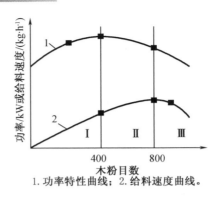

1.功率特性曲线；2.给料速度曲线。

图 7 – 11　超细木粉机的工作特性曲线

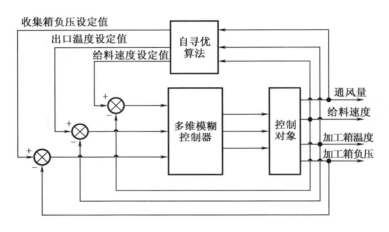

图 7 – 12　自寻优的多维模糊控制器

　　上层自寻优算法可同时改变木粉机的给料速度、出口温度和收集箱负压大小。下层模糊算法则依据上层的设定值进行计算，当待测量与设定值相等后，依据木粉粒度设定自寻优算法的统计周期，得出木粉机功率、给料速度及木粉粒度的综合评价函数。将超细木粉机的工作特性曲线与综合评价函数进行比较，确定下一次这些设定值的变化量，如图 7 – 13 所示为自寻优控制算法流程图。下层多维模糊控制算法，以上层算法中的变量值与设定值的偏差为控制器的输入量进行模糊计算，输出量是机器的通风量、给料速度、加工箱内的负压及温度以及两个离心风机的转速变化。模糊规则的建立是依据多次试验加工的数值进行合理化处理后得到，因此这种加工方法具有很强的实用性同时也可解决多个因素共同作用时优先权问题。

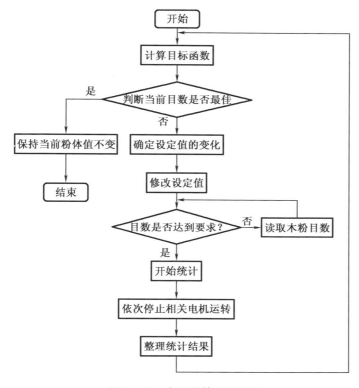

图 7 – 13　自寻优算法流程图

3. 木粉粒度在线检测系统设计

目前我们国家对粉体的加工生产过程进行在线检测的还很少,大多数是由于这些在线检测系统体积较大、仪器的成本较为昂贵和测量仪器的安装标准与实际粉体生产环境相距较大等原因,不能实现粉体的在线测量加工。本项目组成员在自行设计超细木粉机的基础上开发木粉生产在线检测系统,使粉体加工过程实现自动化生产,如图 7 – 14 所示为木粉粒度在线检测系统。

该检测系统的核心是微控制器 MSP430F149 芯片,它可以同时同步连接模拟信号、传感器和数字组件且能耗低。模拟信号来自分别安装在超细木粉机连接件管道内、外两侧表面上的二个静电传感器检测的流动木粉电压大小。当启动超细木粉进行工作后,检测系统首先根据检测电压的大小来判断木粉粒度的大小,粒度越大木粉的粒径越小比表面积越大所带电荷越多,在连接管道内所形成的电流强度、电压值也越大,反之亦然。根据检测电压的大小判断木粉粒度的大小及木粉机出口温度值确定给料速度、木粉收集箱两个离心风机的转速。

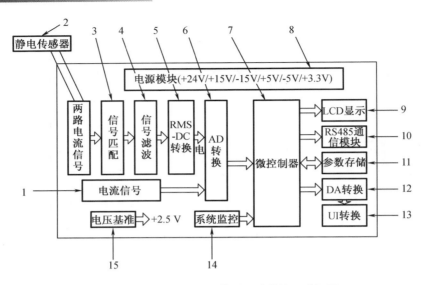

图 7 – 14　木粉粒度在线检测系统结构组成框图

由于工业现场木粉机工作时,还要减小或消除外界电场及磁场可能对传感器检测信号产生的影响,因此对这些噪声信号的预处理是电路设计的难点和重点,它的合理选择能够保证系统在实践应用过程中检测信号的准确性。

7.3.3　试验与分析

为了减小工程造价并能对检测系统进行测试,在实际加工前设计了简易木粉粒度实时测量试验系统。将图 7 – 8 中的连接件 6 用直径为 16 mm 的塑料管来替代,将电机 1 改为小型变频电机并将与之相连的磨削箱部分省略而是在电机运转时往管道内送入加工好的不同粒度的木粉,图 7 – 15 所示为 PC 机上显示的木粉浓度与速度随时间变化的实时检测图。从后台程序中读取检测系统采集和处理的电压信号与木粉浓度,其对应的数据见表 7 – 1。现有试验方案获得的表 7 – 1 数据只能说明检测系统采集到的电信号与木粉的已知粒度有规律可循,并不能表明在实际生产中能在线可靠测试木粉粒度,据此初步建立木粉粒度与检测系统采集到的电信号的关系曲线,如图 7 – 16 所示。

表7-1 电压信号与木粉浓度数据表

木粉粒度 m	电压信号 V	木粉浓度 β	木粉粒度 m	电压信号 V	木粉浓度 β
200	5.10	0.752 1	800	6.77	0.541 8
	5.36	0.736 9		7.04	0.495 8
400	5.78	0.606 3	1000	7.52	0.472 3
	6.61	0.523 7		7.83	0.466 5

从图7-16中可以看出电压信号随木粉粒度的增加而逐渐增大,但经换算后的检测木粉浓度却随粉体粒度的增加而逐渐减小,这是由于木粉粒度越高,比表面积就越大,其所带电荷量就越多,检测的电压信号就随之增加,但在相同时间内管道中流经的空气流量与木粉质量流量却随着木粉粒度的变化而不相同,粒度越高的木粉其质量流越大而空气流量则相对减小,检测的木粉浓度就随之减小,而粒度越低的木粉结果则恰好与之相反。经以上分析得出,所设计的在线实时检测木粉粒度的自动控制系统能够较为准确的检测出木粉粒径的大小,但在实际生产应用中,可能还会有金属管道对木粉带电荷的影响,以及加工过程中环境温湿度及环境电位对木粉带电荷的影响,因此还须根据实际生产加工时的在线检测采集到的电信号与线下实测对应木粉粒度情况进行修整,边试验边修正,对检测系统进行多次优化设计及反复试验后可以,将其用于超细木粉机的生产加工。

为实现不同粒径的木粉自动生产加工,依据不同粒度的木粉所带电量的不同,设计了木粉生产过程中实时检测木粉粒径大小的在线控制系统。该系统经理论分析和实验测试表明,在相同时间内检测木粉的带电量随木粉粒度的增加而不断增加,但其相应的木粉浓度却不断降低。但如果将该检测系统应用于实际生产的检测中还需考虑金属管道、环境电位及温湿度对木粉带电量的影响。如果能处理好环境对其的影响,则该系统成本低廉且可适用于其他粉体的粒径检测而将具有广阔的应用前景。

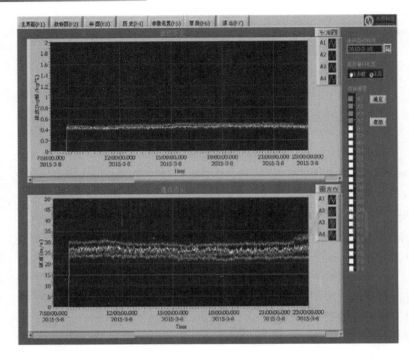

图 7 – 15　木粉实时检测图

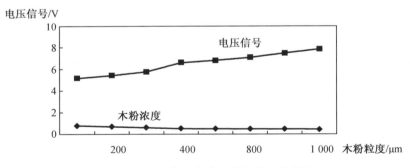

图 7 – 16　木粉粒度与电压信号关系曲线图

结　　论

　　依据目前国内外粉体制备技术现状及不同行业、不同材料对超细粉体的定义，本书确定出超细木粉的目数范围。在进行超细木粉的试验制备过程中，根据所在地位置加工的原料主要应用的兴安落叶松锯屑。根据兴安落叶松的生长轮结构、细胞微观结构可知超细木粉的粒径小于落叶松管胞平均弦向直径，在超细木粉加工时必须进行木材细胞破壁才能达到超细化要求。在求解木材细胞破壁需施以多大外力时，应用断裂力学、结构力学和有限元的相关知识，从理论上计算木材细胞破壁力的大小，并能通过加工超细木粉试验，验证理论计算的可靠性。为超细木粉机刀具与加工主轴的设计提供依据，并根据试验制备出的木粉对不同目数的木粉颗粒物性进行了研究。本书的研究工作取得的创新性研究成果如下：

　　（1）兴安落叶松管胞的平均弦向直径大于超细木粉的颗粒形状尺寸的定义，必须对木材进行破壁加工，根据不同加工时间对锯屑颗粒的显微镜形态尺寸分析，首次提出了假设干燥后的加工原料为脆性板层材料，并在此基础上应用断裂力学和结构力学两种计算方法对落叶松细胞的破壁力大小进行理论计算，并将计算结果与前人研究出的针叶材管胞断裂强度相比较，得出理论计算的结果与试验结果相符，为超细木粉机的设计提供了依据。

　　（2）对超细木粉的加工目数与细胞裂解的关系进行分析，得出低目数的木粉细胞断裂主要发生在横断面上，破坏了针叶材蜂窝状结构，管胞径向壁上的木射线和纹孔在受外力时都会出现应力集中，使破坏发生在此薄弱环节；高目数的木粉细胞断裂主要发生在长度方向上，使管胞的长径比减小，发生断裂的主要原因是管胞壁上微裂纹的产生和扩展。

　　（3）对超细木粉的加工过程和样品进行显微观测分析，对木粉加工过程进行了运动学、动力学分析，给出了加工机器各部件的结构尺寸并对木粉颗粒的运动方程和颗粒运动轨迹进行了模拟分析，其模拟过程达到设计要求并经过试验的验证。

　　（4）应用"平衡轨道"模型对超细木粉的分离设备旋风分离器的切割粒径进行了分析计算，计算结果满足设计要求，能够分离预期目数的木粉。

　　（5）对试验制备的木粉进行了颗粒的物性研究，得出随着木粉目数的增加，木粉的颜色、密度、团聚性都随之增加。

　　由于试验条件的局限性和人为因素，对超细木粉的研究在以下两方面应继续努力：

（1）超细木粉机的设计制造，借鉴国外较为成熟的粉体技术设备，提高我国的粉体制造设备的技术水平。

（2）对木粉的颗粒物性研究还不够深入，其木粉的堆积物性、摩擦性、流动性等还有待继续研究。

参 考 文 献

[1] HOWARD G B. Modern Methods of Particle Size Analysis[M]. John Wiley and Sons,1984.

[2] 孙成林,连钦明,王清发. 现代超细粉体的机械现状及发展[J]. 中国粉体工业, 2009(6):33－35.

[3] 李凤生. 纳米/微米复合技术及应用[M]. 北京:国防工业出版社,2002.

[4] 李凤生,刘宏英,陈静,等. 微纳米粉体技术理论基础[M]. 北京:科学出版社,2010.

[5] 严东生,冯瑞. 我国纳米材料研究进展[J]. 中国科学院院刊,1997(5): 364－366.

[6] LAEMSAK N, OKUMA M. Development of boards made from oil palm frond Ⅱ: properties of binderless boards from steam-exploded fibers of oil palm frond[J]. Journal of Wood Science, 2000,46(4):322－326.

[7] GREGOROVA A,HRABALOVA M,KOVALCIK R,et al. Surface modification of spruce wood flour and effects on the dynamic fragility of PLA/wood composites[J]. Polymer Engineering and Science,2011,51(1):143－150.

[8] SUZUKI S, SHINTANI H, PARK S Y, et al. Preparation of binderless boards from steam exploded pulps of oil palm (*Elaeis guneensis* Jaxq.): fronds and structural characteristics of lignin and wall polysaccharides in steam exploded pulps to be discussed for self-bindings[J]. Holzforschung,1998,52(4):417－426.

[9] WIDYORINI R, XU J, UMEMURA K. Manufacture and properties of binderless particleboard from bagasse Ⅰ: effect of raw material type, storage methods, and manufacturing process[J]. Journal of Wood Science, 2005,51(6):648－654.

[10] MOBARAK F, FAHMY Y. Binderless lignocellulose composite from bagasse and mechanism of self-bonding[J]. Holzforschung, 1982, 36:131－135.

[11] MOTOE A, MASATOSHI S. Manufacture of plywood bonded with kenaf core powder[J]. The Japan Wood Research Society, 2009,55(4):283－288.

[12] 姜增琨,刘建军,左胜利,等. 木质生物质常压液化及催化裂解研究[J]. 北京化工大学学报(自然科学版),2012,39(3):46－49.

［13］张海荣,庞浩,石锦志,等. 木粉及其组分的多元醇酸催化热化学液化［J］. 林产化学与工业,2012,32(2):14－20.

［14］ZHANG H R,DING F,LUO C R,et al. Liquefaction and characterization of acid hydrolysis residue of corn cob in polyhydric alcohols［J］. Industrial Crops and Products,2012,39:47－51.

［15］王浩,韩秋喜,贺悦科,等. 生物质能源及发电技术研究［J］. 环境工程,2012, 30:461－464.

［16］齐添,邵鹏璐. 解决农村能源贫困可优先推广生物质能［J］. 中国经济导报, 2013:1－3.

［17］孙鹏,陈慧清,盖国胜. 对木粉加工技术研发与装备状况的认识［J］. 中国建材报,2009.

［18］SATO T, KOBAYASHI N, ITAYA Y, et al. Development of liquefaction technique of pulverized ligneous biomass powder［J］. Industrial and Engineering Chemistry Research, 2009, 48(1):373－379.

［19］NICOLE M S. Photodegradation and photostabilization of weathered wood flour filled polyethylene composites ［D］. Houghton：Michigan Technological University, 2003.

［20］SAMAYAMUTTHIRIAN P, NURDINA A K, MARIATTI J. Value adding limestone to filler grade through an ultra-fine grinding process in jet mill for use in plastic industries［J］. Minerals Engineering,2009,22(7):695－703.

［21］孙成林,连钦明,王清发. 我国超细粉碎机械现状及发展［J］. 硫磷设计与粉体工程,2007(5):21－26.

［22］刁雄,李双跃,黄鹏,等. 超细粉碎分级系统设计与实验研究［J］. 现代化工, 2011,31(4):83－86.

［23］包士雷,王建,孙永升. 国内粉体工程行业的现状与发展［J］. 中国粉体工业, 2010(4):9－12.

［24］杨春梅,马岩,赵越,等. 亚纳米木粉的加工原理与运动分析［J］. 东北林业大学学报,2012,40(2):89－92.

［25］邱坚,李坚. 纳米科技及其在木材科学中的应用前景(Ⅰ):纳米材料的概况、制备和应用前景［J］. 东北林业大学学报,2003,31(1):1－5.

［26］李坚,邱坚. 纳米技术及其在木材科学中的应用前景(Ⅱ):纳米复合材料的结构、性能和应用［J］. 东北林业大学学报,2003,31(2):1－3.

［27］赵广杰. 木材中的纳米尺度、纳米木材及木材:无机纳米复合材料［J］. 北京林业大学学报,2002,24(5):204－207.

［28］马岩. 纳微米科学与技术在木材工业的应用前景展望［J］. 林业科学, 2001, 37 (6): 109 – 112.

［29］陈力, 吴懿平, 张乐福. 超微粉碎技术及其在中药加工中的应用［J］. 中药材, 2002, 25(1): 55 – 57.

［30］尹小冬, 王长会, 谭涌, 等. 超细粉碎技术现状与应用［J］. 中国非金属矿工业导刊, 2009(3): 46 – 49.

［31］周宝魁. 超微碎技术及设备在食品加工中的应用［J］. 明胶科学与技术, 2010, 30(2): 72 – 74.

［32］国家林业局森林资源管理司. 第七次全国森林资源清查及森林资源状况［J］. 林业资源管理, 2010(1): 1 – 8.

［33］朱再胜, 盖国胜, 吴成宝, 等. 不同含水量木质生物质的粉碎特性研究［J］. 中国粉体技术, 2012, 18(2): 7 – 11.

［34］蒋忠道, 许元春. 针叶木阔叶木锯屑制浆造纸［J］. 湖北造纸, 2004(4): 4.

［35］CAO Y, WANG Y, RILEY J, et al. A novel biomass air gasification process for producing tar-free higher heating value fuel gas［J］. Fuel Processing Technology, 2006, 87(4): 343 – 353.

［36］张希良, 陈荣, 何建坤. 中国生物质气化发电技术的商业化分析［J］. 太阳能学报, 2004, 25(4): 557 – 560.

［37］PILARSKI J M, MATUANA L M. Durability of wood flour-plastic composites exposed to accelerated freeze-thaw cycling. Ⅱ. High density polyethylene matrix ［J］. Journal of Applied Polymer Science, 2006, 100(1): 35 – 39.

［38］MATUANA L M, JIN S, STARK N M, et al. Ultraviolet weathering of HDPE/wood-flour composites coextruded with a clear HDPE cap layer［J］. Polymer Degradation and Stability, 2011, 96(1): 97 – 106.

［39］陈佳. 木屑与环保［J］. 绿化与生活, 1997(2): 23.

［40］盖国胜. 关于交叉学科: 粉体工程学的建设［J］. 粉体技术, 1995, 1(3): 40 – 42.

［41］郭瑞平, 刘官厅, 范天佑, 等. 冲击载荷下含表面裂纹圆柱壳体的动态断裂［J］. 应用力学学报, 2006, 23(1): 53 – 56.

［42］KACHANOV M. Elastic solids with many cracks a simple method of analysis［J］. International Journal of Solids and Structures, 1987, 23(1): 23 – 43.

［43］王凡, 马岩, 杨春梅, 等. 超细木粉原料粉碎机的设计［J］. 林业机械与木工设备, 2012, 40(3): 34 – 36.

［44］GIBSON L J, ASHBY M F. Cellular solids: structure and properties ［M］.

Oxford：Pergamon Press，1988.

［45］姜笑梅，程业明，殷亚方，等. 中国裸子植物木材志［M］. 北京：科学出版社，2010.

［46］周杰，张光华，权国政. 曲轴热锻中表层局部微米级裂纹产生机理［J］. 农业机械学报，2011，42（6）：230 － 234.

［47］曹双平，王戈，余雁. 几种植物单根纤维力学性能对比［J］. 南京林业大学学报，2010，34（5）：87 － 90.

［48］江泽慧，费本华，侯祝强，等. 针叶树木材细胞力学及纵向弹性模量计算：纵向弹性模量的理论模型［J］. 林业科学，2002，38（5）：101 － 107.

［49］程献宝，王小青，余雁，等. 纳米压痕技术在木质材料细胞壁力学研究中的应用［J］. 世界林业研究，2011，24（5）：40 － 46.

［50］PARHIZGAR S，ZACHARY L W，SUN C T. Application of the principle of linear fracture mechanics to the composite materials［J］. International Journal of Fracture，1982，20：3 － 15.

［51］TRIBOULOT P，JODIN P，PLUVINAGE G. Validity of fractre mechanics concepts applied to wood by finite element calculation［J］. Wood Science and Technology，1984，18（1）：51 － 58.

［52］邵卓平，江泽慧，任海青. 线弹性断裂力学原理在木材中应用的特殊性与木材顺纹理断裂［J］. 林业科学，2002，38（6）：110 － 115.

［53］李大纲. 木材细胞壁细观断裂及其损伤机理［J］. 科学技术与工程，2004，4（1）：24 － 27.

［54］KOSEI A，HITOSHI O. Mechanism for deformation of wood as a honeycomb structure Ⅱ：first buckling mechanism of cell walls under radial compression using the generalized cell model［J］. Journal of Wood Science，1999，45（3）：250 － 253.

［55］MATSUMURA J，YAMASAKI Y，ODA K，et al. Profile of bordered pit aspiration in *Cryptomeria japonica* using confocal laser scanning microscopy：pit aspiration and heartwood color［J］. Journal of Wood Science，2005，51（4）：328 － 333.

［56］邵卓平. 木材损伤断裂与木材细观损伤基本构元［J］. 林业科学，2007，43（4）：107 － 110.

［57］MOTT L. Micromechanical properties and fracture mechanism of single wood pulp fibers［D］. Maine：Maine University，1995.

［58］SHALER S M，GROOM L，MOTT L. Microscopic analysis of wood fibers using ESEM and confocal microscopy ［J］. Proceeding of the Woodfiber-Plastic

Composites, 1996, 3: 25 –32.

[59] WATANABE U, IMAMURA Y, IIDA I. Liquid penetration of precompressed wood Ⅵ: Anatomical characterization of pit fractures [J]. Journal of Wood Science, 1998, 44(2):158 –162.

[60] FURUKAWA I. Studies on the fractographic features of the longitudinal tensile fracture of coniferous woods[D]. Bulletin of the Tottori University Forests, 1980.

[61] 费本华,余雁,黄安民,等. 木材细胞壁力学研究进展[J]. 生命科学,2010,22 (11):1173 –1176.

[62] MARK R E. Cell wall mechanics of trachieds [J]. Quarterly Review of Biology,1967.

[63] MOTT L, GROOM L, SHALER S M. Mechanical properties of individual southern pine fibers. Part Ⅱ: comparison of earlywood and latewood fibers with respect to tree height and juvenility[J]. Wood Fiber and Science, 2002, 34(2): 221 –237.

[64] 周崟. 中国落叶松属木材[M]. 北京:中国林业出版社,2001.

[65] 王伟宏,黄海兵,付朝龙. 热氧老化和水浸渍对木粉/HDPE 和稻壳粉/HDPE 两种复合材料性能的影响[J]. 林产工业,2012,39(1):11 –14.

[66] 王伟宏,张晨夕. 自然老化对木粉/HDPE 复合材性能的影响及添加剂的应用 [J]. 林业科学,2012,48(4):102 –107.

[67] 罗海. 木塑复合材料的光降解与光稳定[J]. 中国塑料,2011,25(5):24 –29.

[68] 高景然,邱坚,李坚,等. 木材细胞壁的超微构造与气凝胶型木材的制备原理 [J]. 东北林业大学学报,2008,36(11):98 –100.

[69] 马岩. 木材横断面六棱规则细胞数学描述理论研究[J]. 生物数学学报,2002, 17(1):64 –68.

[70] 齐英杰,杨春梅,马岩. 马尾松细胞外廓结构简化模型的建立与仿真[J]. 林业科学,2006,42(9):93 –95.

[71] 李明宝. 基于有限元理论的木材机械性能建模与仿真研究[D]. 哈尔滨:东北林业大学,2007.

[72] 马岩,潘承怡. 微米木纤维模压制品形成的试验装备与工艺[J]. 林业科学,2008,44(6):113 –117.

[73] 成俊卿,杨家驹,刘鹏. 中国木材志[M]. 北京:中国林业出版社,1992.

[74] 赵仁杰,喻云水. 木质材料学[M]. 北京:中国林业出版社,2003.

[75] 刘一星,赵广杰. 木质资源材料学[M]. 北京:中国林业出版社,2003.

[76] 朴永守. 木材切削学[M]. 哈尔滨:东北林业大学出版社,1992.

[77] 赵玉彬,鞠洪明.干磨技术在分子筛制备工艺中的应用[J].石油学报,2012, 28(2):153-156.

[78] 朱再胜,盖国胜,吴成宝,等.不同含水量木质生物质的粉碎特性研究[J].中 国粉体技术,2012,18(2):7-11.

[79] 费本华,张东升.木材断裂裂纹及应力场的分形研究[J].木材工业,2003,17 (3):7-10.

[80] 南京林业大学.木材切削原理与刀具[M].北京:中国林业出版社,1983.

[81] 张自军,任汉信,华明明.木材燃烧痕迹及其对火灾的证明作用[J].山东消 防,2002(12):50-51.

[82] 刘宏英,杨毅,邓国栋,等.硬质木炭、竹炭超细粉碎技术研究[J].中国粉体技 术,2006(2):15-17.

[83] 戴宁,张裕中,吴浩,等.高油脂物料物性对其微细粉碎特性的影响[J].江苏 农业科学,2010(5):411-413.

[84] 王思惠,肖汉宁,陆洲,等.搅拌式砂磨技术制备电瓷原料[J].机械工程材料, 2010,34(6):47-50.

[85] 郑少华,陶珍东,刘福田,等.超细粉射流分级机工业样机的研制[J].中国粉 体技术,2000,6(2):15-19.

[86] 卢寿慈.粉体加工技术[M].北京:中国轻工业出版社,1999.

[87] ZHENG J, HARRIS C C, SOMASUNDARAN P. A Study on grinding and energy input in stirred media mills[J]. Powder Technology, 1996,86(2):171-178.

[88] 卢寿慈.粉体技术手册[M].北京:化学工业出版社,2004.

[89] 宫元娟.胡萝卜微粉碎工艺及其相关参数试验研究[D].沈阳:沈阳农业大 学,2008.

[90] 赵建生.断裂力学及断裂物理[M].武汉:华中科技大学出版社,2003.

[91] 俞晓明,崔益和,陈飞,等.恢复系数及重力加速度的落球弹跳法测量[J].大 学物理,2010,29(11):35-36.

[92] MANKOSA M J, ADEL G T, YOON R H. Effect of operating parameters in stirred ball mill grinding of coal[J]. Powder Technology, 1989,59(4):255 -260.

[93] 陶珍东,郑少华.用旋风分离器进行微细粉分级的可行性[J].化工装备技术, 1995,16(1):14-16.

[94] 江津河,李建,李建隆.环流式旋风分离器用于超细颗粒分级的实验研究[J]. 潍坊学院学报,2010,10(2):85-87.

[95] 徐天猛.旋风分离器性能优化的研究[D].上海:华东理工大学,2010.

［96］CLIFT R，GHADIRI M，HOFFMANN A C. A critique of two models for cyclone performance［J］. Aiche Journal，1991，37：285－289.

［97］张礼华. 高固气比旋风器的冷模实验研究［D］. 西安：西安建筑科技大学，2005.

［98］崔洁. 分级式合成气初步净化系统中旋风分离器的分离机理与结构特性研究［D］. 上海：华东理工大学，2010.

［99］李强. 循环流化床锅炉旋风分离器气固两相流动特性及性能研究［D］. 上海：上海交通大学，2010.

［100］李敏，贲伟，王维刚，等. 旋风分离器压降数值分析［J］. 科学技术与工程，2010，10（10）：2552－2555.

［101］周韬. 旋风分离器的气固两相特性研究与数值模拟［D］. 上海：上海交通大学，2007.

［102］李郁. 螺旋气力吸取料分离过程物料流动特性的试验研究与数值仿真［D］. 武汉：武汉理工大学，2011.

［103］吴代安. 煤层干式打钻孔口除尘装置研究与设计［D］. 淮南：安徽理工大学，2010.

［104］赵峰. 三系列高固气比旋风预热器系统的冷模试验研究［D］. 西安：西安建筑科技大学，2006.

［105］卢小珍. 柴油机排气旋风分离器中的流场及微粒分离规律的研究［D］. 北京：北京交通大学，2007.

［106］谢建民，洪秉玲，张志军，等. 旋风分离器磨损与防磨措施的研究［J］. 工业安全与环保，2005，31（11）：36－37.

［107］吴江. 破碎废旧电路板高压静电分选的理论模型与优化设计［D］. 上海：上海交通大学，2009.

［108］李成林，王琪，吴中连，等. 基于平衡轨道模型和 CFD 的旋风分离器除尘特性分析［J］. 机械，2011，38（11）：9－12.

［109］尚志新，吴成宝，盖国胜，等. 采用冲击磨粉碎木屑的试验研究［J］. 中国粉体技术，2011，17（6）：53－57.

［110］李坚. 木材科学［M］. 北京：高等教育出版社，2002.

［111］骆介禹，骆希明. 纤维素基质材料阻燃技术［M］. 北京：化学工业出版社，2003.

［112］ANATOLE A KLYOSOV. 木塑复合材料［M］. 王伟宏，宋永明，高华，译. 北京：科学出版社，2010.

［113］胡娜，吴志平，王国栋，等. 木粉/聚乙烯阻燃复合材料的阻燃特性和力学性

能研究[J].中南林业科技大学学报,2012,32(1):28-31.

[114] SALLY H. Market developments in wood-plastic composites[J]. JEC Composites Magazine,2009,46:26-27.

[115] ASHORI A. Wood-plastic composites as promising green-composites for automotive industries[J]. Bioresource Technology,2008,99(11):4661-4667.

[116] STARK N M. The effect of weathering variables on the lightness of HDPE/WF composites[J]. Eighth International Conference on Wood fiber Composites, Madison,WI,2005(5):23-25.

[117] STARK M M, ROLAND R E. Effects of wood fiber characteristics on mechanical properties of wood/polypropylene composites[J]. Wood and Fiber Science, 2003,35(2):167-174.

[118] 陈振兴.特种粉体[M].北京:化学工业出版社,2004.

[119] 陆厚根.粉体技术导论[M].上海:同济大学出版社,2008.

[120] PAULRUD S, NILSSON C. The effects of particle characteristics on emissions from burning wood fuel powder[J]. Fuel,2004,83(7):813-821.

[121] 翁星星,盖国胜,吴成宝,等.林木生物质剪切粉碎特性及其机理分析[J].林产化学与工业,2012,32(1):19-24.

[122] 谢洪勇,刘志军.粉体力学与工程[M].北京:化学工业出版社,2007.

[123] 文瑞芝,胡云楚,袁莉萍.阻燃杨木粉热解过程的红外谱图分析[J].中南林业科技大学学报,2011,31(2):100-102.

[124] 李化建,盖国胜,黄佳木,等.粉体材料粒度的测定和粒度分布表示方法[J].建材技术与应用,2002(2):34-37.

[125] 杨小兰,刘极峰,邹景超,等.超硬粉体超微粉碎的高振强振动磨技术研究[J].中国机械工程,2009,20(24):2917-2921.

[126] 李红.粉体粒度检测方法的研究[J].辽宁科技学院学报,2008,10(1):9-10.

[127] 陈亮嘉,纪柏宏,张合,等.纳米粉体制程在线粒径测量系统的研发[J].过程工程学报,2006,6(s2):298-301.

[128] 陈伟平,董学仁,王少清,等.纳米颗粒测试的几种方法[J].济南大学学报(自然科学版),2005,19(3):207-210.

[129] 林建忠,于明州,林培锋,等.纳米颗粒两相流体动力学[M].北京:科学出版社,2013.

[130] 陈清光.木粉尘职业接触极限值的研究[J].中国安全科学学报,2004,14(12):71-77.

［131］MOTOE A，MASATOSHI S. Manufacture of plywood bonded with kenaf core powder［J］. Journal of Wood Science，2009，55（4）:283 – 288.

［132］孙鹏,陈慧清,盖国胜.对木粉加工技术研发与装备状况的认识［N］.中国建材报,2009 – 10 – 19(3).

［133］CHU W S，KIM C S，LEE H T，et al. Hybrid Manufacturing in Micro/Nano Scale：A Review［J］. International Journal of Precision Engineering and Manufacturing – Green Technology，2014，1（1）:75 – 92.

［134］KRINKE T J，DEPPERT K，MAGNUSSON M H，et al. Microscopic aspects of the deposition of nanoparticles from the gas phase［J］. Journal of Aerosol Science，2002，33（10）:1341 – 1359.

［135］SEARS F W，SALINGER G L. Thermodynamics，Kinetic Theory，and Statistical Thermodynamics［M］. New Jersey：Addison-Wesley，1978.

［136］PEJMAN F G，ERFAN K，OMID A，et al. Numerical analysis of micro-and nano-particle deposition in a realistic human upper airway［J］. Computers in Biology and Medicine，2012，42（1）:39 – 49.

［137］李福生,徐新喜,孙栋,等.气溶胶颗粒在人体上呼吸道模型内沉积的实验研究［J］.医用生物力学,2013,28(2):135 – 141.

［138］李伟.通风管道中细微粉尘的湍流沉积规律［J］.中国粉体技术,2014,20(2):56 – 60.

［139］李琪,戴传山.微纳米颗粒受自然对流影响运动沉积特性［J］.化工学报,2012,63(3):800 – 805.

［140］戴传山,李琪.微纳米颗粒群外绕恒壁温圆管沉积特性［J］.化工进展,2011,30(S1):660 – 664.

［141］JAFARIA S，SALMANZADEH M，RAHNAMA M，et al. Investigation of particle dispersion and deposition in a channel with a square cylinder obstruction using the lattice Boltzmann method［J］. Journal of Aerosol Science，2010，41（2）:198 – 206.

［142］WANG S，ZHAO B，ZHOU B，et al. An experimental study on short time particle resuspension from inner surfaces of straight ventilation ducts［J］. Building and Environment，2012，53:119 – 217.

［143］ZHANG H F，AHMADI G. Aerosol particle transport and deposition in vertical and horizontal turbulent duct flow［J］. Journal of Fluid Mechanics，2000，406:55 – 80.

［144］周明,陈瑞英.我国植物纤维复合材料的发展现状及展望［J］.亚热带农业研

究,2013,9(4):276 – 279.

[145] 舒文博. 木质产品创新的驱动力[J]. 中国人造板,2013(12):29 – 33.

[146] 张晨晖,张文博,郭婷. 木质液化物静电纺丝法制备纳米纤维可行性研究[J]. 生物质化学工程,2015,49(2):59 – 65.

[147] 江镇海. 日本开展纤维素纳米纤维复合材料研究[J]. 合成纤维工业, 2011(2): 41.

[148] 陈玲,黄润州,刘秀娟,等. 木粉、废旧橡胶和高密度聚乙烯复合材料的热解动力学特性[J]. 南京林业大学学报,2014,38(6): 135 – 140.

[149] 杨小兰,刘极峰,邹景超,等. 超硬粉体超微粉碎的高振强振动磨技术研究[J]. 中国机械工程. 2009,20(24):2917 – 2921.

[150] 王云,陈宁. 粉体粒度与研磨技术[J]. 中国粉体技术,2000,6(8):13 – 16.

[151] 李化建,盖国胜,黄佳木,等. 粉体材料粒度的测定和粒度分布表示方法[J]. 建材技术与应用,2002(2):34 – 37.

[152] 杨冬霞,范长胜,杨春梅. 木粉加工粒度与细胞裂解机理的研究[J]. 中南林业科技大学学报,2013,33(12):140 – 145.

[153] 张玉平,金锋,张岩,等. 两相流浓度检测技术的研究[J]. 北京理工大学学报,2002,22(3):383 – 386.

[154] 陈建阁,吴付祥,王杰. 电荷感应法粉尘浓度检测技术[J]. 煤炭学报,2015,40(3):713 – 718.

[155] KRABICKA J, YAN Y. Finite – element modeling of electrostatic sensors for the flow measurement of particles in pneumatic pipelines[J]. IEEE Transactions on Instrumentation and Measurement, 2009, 58: 2730 – 2736.

[156] ZHANG J Y, COULTHARD J. Theoretical and experimental studies of the spatial sensitivity of an electrostatic pulverized fuel meter [J]. Journal of Electrostatics, 2005, 63(12):1133 – 1149.

[157] 周宾,杨道业,许传龙,等. 静电粉体流量计的理论与实验研究[J]. 仪器仪表学报,2009,30(9):2007 – 2012.

[158] 李绍成,左洪福. 磨粒在线监测静电传感器设计[J]. 压电与声光,2010,32(2):325 – 328.

[159] 张彦斌,贾立春,曹晖,等. 火电厂钢球磨煤机制粉系统自动控制方法:200610042712.5[P]. 2006 – 09 – 27.

[160] 陈岩,梅义忠,陆风华. 煤粉细度在线检测装置:200420080290.7[P]. 2006 – 01 – 18.

[161] 张彦斌,贾立春,曹晖,等. 水泥厂粉磨回路球磨机负荷控制方法:

200610042716.3［P］. 2006－09－27.

［162］陈岩,梅义忠,陆风华. 煤粉浓度在线检测装置:200420080286.0［P］. 2006
－01－18.

［163］曹晖,司刚全,张彦斌,等. 基于数据挖掘的火电厂钢球磨煤机制粉系统自
动控制方法:200710018916.X［P］. 2008－05－14.